KB188746

엄마
생물학

내 몸을 누군가와
나눈다는 것

이은희

엄마
생물학

사이언스
SCIENCE
BOOKS 북스

한때 누군가의 몸에 깃들었던,

지금 자신의 몸을 가지고 존재하는,

언젠가 또 다른 이들을 품을 이들에게.

그리고 내게서 비롯되었으나

나와 다르게 살아갈 내 아이들에게.

이야기를 열며

아이가 태어나고 한 달 남짓 되었을 때의 일입니다. 잠든 아기의 머리가 한쪽으로 삐뚜름하게 기울어져 있었습니다. 손을 대면 힘들게 재운 아기가 깰까 봐 망설여지기도 했지만, 그래도 저렇게 자면 불편할 거라는 생각에 조심스레 고개를 똑바로 돌려 주었습니다. 그런데 손을 떼자 아기의 머리는 원래 있던 방향으로 다시 돌아가 버리더군요. 이상했습니다. 아기는 분명 푹 잠든 것 같았는데 말이죠. 그날 이후로 몇 번 더 그런 일이 있었습니다. 잠든 아기의 머리는 항상 같은 쪽으로만 기울어져 있어서 보기에도 불편했고, 시간이 지날수록 머리 모양도 비뚤어지고 있는 듯 보였습니다. 하지만 이상하다고 생각은 했어도 크게 문제가 있으리라 생각진 않았습니다.

생후 2개월에 예방 접종을 하러 갔을 때, 아기의 머리가 한쪽으로 기울어지는 것 같아서 조금 걱정이라고 물어볼 때까지만 하더라도, 속으로는 초보 엄마의 기우(杞憂)로, 당연히 "괜찮다."라는 답이 돌아올 줄로만 알았습니다. 그런데 그 말을 들은 소아과 의사는 갑자기 진지한 얼굴로 아기의 목과 머리를 세심히 살피기 시작했습니다. 그러더니 목에서 근육이 뭉친 몽우리가 느껴진다고 하더군요. 그리고 아기가 머리를 기울이고 싶어서 기울이는 게 아니라, 애초에 기울어질 수밖에 없는 것 같다며 소아 재활 의학과가 있는 대학 병원에서 정밀 검사를 하기를 권했습니다.

불안한 마음을 가득 안고, 근처 대학 병원 두 곳에 대기를 걸어 두었습니다. 그중 검사 날짜가 빨리 잡힌 곳에서 먼저 검사를 받았습니다. 길고 긴 검사를 끝내고 며칠을 더 기다려서 검사 결과를 받으러 가는 날, 의사는 청천벽력과 같은 소식을 전했습니다. 아이에게 뇌성 마비 소견이 보인다는 겁니다. 고개가 자꾸 기울어지는 것은 목의 한쪽 근육이 굳은 선천성 근성 사경(congenital muscular torticollis)[1] 때문이라고 했습니다. 선천성 근성 사경은 태어날 때부터 아이의 한쪽 목의 목빗근(흉쇄유돌근)이 경직되어 목이 기울어지고, 이로 인해 안면이 비대칭적으로 자라는 질환의 일종으로, 전체 신생아의 1~2퍼센트에서 발견된다고 합니다. 유아기에 발견될 경우 물리 치료만으로도 호전되지만, 나이가 들어 치료를 시작하면 짧아진 근육을 늘려 주는 수술적 치료가 필요할 수도 있습니다.

생소한 병명과는 달리 사경 질환은 치료받으면 되니 큰 문제는 아니라 했습니다. 더 큰 문제는 신경학적 검사에서 뇌성 마비 환아에게서 보이는 비정상적 소견이 보인다는 것이었습니다. 아직은 아기가 너무 어려 스스로 제 몸을 제대로 가누지 못하니 증상이 뚜렷하게 보이지는 않지만, 자랄수록 뚜렷해질 것이라며 미리 마음의 준비를 하라고 했습니다. 의사는 매우 냉정했습니다. 함부로 희망을 주면 오히려 더 힘들어진다며,

아이는 아마 발달이 매우 지연될 것이고 아이가 유아기 동안 스스로 걸을 수만 있게 되어도 재활 치료가 성공한 것이라 했습니다.

이 이야기들을 들었을 때의 심정을 뭐라 표현할 수 있을까요? 그 후로 며칠을 어떻게 보냈는지 잘 기억이 나지 않습니다. 여전히 아기에게 젖을 물렸고 기저귀를 갈아 주었고 품에 안고 토닥였지만 그건 그저 기계적인 반응에 가까웠습니다. 아기의 칭얼거림에 대한 조건 반사 같은 것이었지요. 그냥 사고가 멈추어 버린 듯한 느낌이었습니다. 그저 아이가 앞으로 겪어야 할 모든 일이 그저 막막할 뿐이었지요. 그때 예약해 두었던 또다른 병원에서 검사 날짜가 잡혔다고 연락이 왔습니다. 또 그 긴 검사를 받고 또 똑같은 절망적인 소리를 듣기가 겁이 났습니다. 하지만 남편이 그래도 한 번 더 검사를 받아 보는 게 좋지 않겠느냐고 설득했습니다.

두 번째 검사 결과도 이전과 크게 다르지 않았습니다. 아이의 목에 선천성 근성 사경이 있는 건 확실하고, 신경학적 검사에서도 몇 가지 비정상 소견이 발견되었습니다. 정밀한 기계들이 측정한 사실이었습니다. 하지만 두 번째 병원의 의사는 조금, 아니 많이 다른 진단을 내렸습니다. 비록 비정상 소견이 나타나긴 했지만, 정도가 경미한 데다 이 월령대의 아기들은 아직 신경 발달이 미숙해서 검사 결과가 정확하지 않을 수도 있으니 일단은 지켜보자고 했습니다. 어차피 사경 치료는 해야 하니 병원에 다녀야 할 거고, 추후 다시 검사를 받아 보는 게 나쁘지 않을 거라고도 했습니다. 그리고 개인적인 견해이지만 크게 걱정하지 않아도 될 것이며, 최악의 경우라도 이미 알고 있으니 치료를 빨리 시작하면 된다고도 했죠.

그 후로 두 달 동안 일주일에 두 번씩 물리 치료를 받기 위해 그 병원의 소아 재활 의학과에 다녔고, 저도 아기의 목을 마사지하는 방법을 배워 수시로 굳은 부위를 문질러 주었지요. 아기는 치료를 받을 때마다 목이 쉬도록 울어댔지만, 다행히 일찍 발견한 덕에 수술적 치료 없이도 치료를 마칠 수 있었습니다. 마지막으로 물리 치료실을 방문하던 날, 담당 의사는 이제 사경은 괜찮아졌으니 염려하지 말라고 말했습니다. 다만 신경학적 이상은 확인을 더 해야 하니, 1년 후에 다시 만나자고 했습니다. 그러나 그사이에라도 아이가 6개월이 지나도록 스스로 몸을 뒤집지 못하거나, 돌이 될 때까지 기어 다니지 못하거나, 18개월이 될 때까지 걷지 못한다면 바로 방문하라고 했습니다. 그때는 무조건 재활 치료에 들어가야 한다고 말이죠.

개운치가 않았습니다. 사경이 치료된 건 기쁜 일이었지만, 완전한 졸업이 아니라 뭔가 조건부 수료를 받은 느낌이었으니까요. 당시 아기는 이미 생후 5개월에 접어들었지만, 스스로 몸을 뒤집은 적이 없었습니다. 보통의 아기들은 백일 즈음이면 스스로 뒤집을 수 있습니다. 같은 해 태어난 사촌 둘은 3개월이 채 지나기 전에 몸을 뒤집어 방 안을 데굴데굴 굴러다녔는데 우리 아기는 여전히 눕혀 놓은 대로 천장만 바라보며 손가락을 빨 뿐이었으니까요.

하루하루 유예 기간이 줄어드는 듯해 초조한 제 마음과는 달리 아이는 뒤집을 생각조차 없어 보였습니다. 다행히도 아기는 6개월을 정확히 일주일 남겨 두고 뒤집었습니다. 그리고 11개월 반이 되어서야 기어 다녔으며, 16개월이 넘어서야 첫 발짝을 떼어서 의사가 말한 유예 기간은 간신히 맞추었지만, 그사이 기다리던 엄마의 신경은 점점 날카로워질 수밖에 없었죠. 그리고 해가 바뀌어 찾아간 병원에서 담당 의사는 웃으면서 아이에게 별다른 이상이 없으니, 이제 걱정하지 말고 잘 키우면 된다고,

그간 마음고생 많았다고 말해 주었습니다. 그때 그 의사 선생님의 웃는 얼굴이 아직도 잊히지 않을 정도입니다.

그리고 시간이 지났습니다. 아이의 발달 속도는 느린 편이었지만 큰 이상은 없이 자라났습니다. 달리기할 때면 늘 마지막으로 결승선을 통과했고, 태권도 동작을 배우는 데 남들보다 2배는 시간이 걸렸지만, 아예 달리지 못하거나 태권도를 배우는 게 불가능하지는 않았습니다. 남들보다 뒤처져 들어오는 아이를 보는 엄마의 심정이 기쁠 리는 없지만, 걷지도 못할지 모른다는 말을 들었던 그때 비하면 감사한 일이라고 스스로를 다독였죠.

그러다가 문득 이런 생각이 떠오르더군요. 둘은 왜, 그러니까 두 의사는 왜 그토록 달랐을까요? 사실 첫 번째 병원과 두 번째 병원의 검사 결과는 대동소이했습니다. 사소한 수치적 차이는 있었지만, 사경과 신경학적 이상 소견은 두 번의 검사에서 모두 반복적으로 나타났으니까요. 하지만 두 의사의 최종 진단이나 전달 방식은 전혀 달랐습니다. 왜 동일한 결과에 대한 해석이 이토록 달랐던 것일까요?

처음에는 그저 첫 번째 의사를 원망했습니다. 오진해서 쓸데없이 걱정시키고 불안하게 만들었다고 말이죠. 하지만 그가 오진했다고 단언할 수 있었던 건, 아이가 치명적 이상 없이 자라는 걸 확인한 이후의 일이었습니다. 당시 아이의 검사 결과는 약간 모호했습니다. 정상에서 벗어난 정도가 크지 않았으니까요. 아마도 이런 결과의 아이 중에는 좋지 못한 예후로 이어지는 아이도 있었겠죠. 확률로 예측되는 검사 결과에서 미래를 100퍼센트 확신할 수 있는 이는 없습니다. 의사들은 객관적 수치들을 바탕으로 자신들이 지닌 의학적 지식과 현장에서의 경험을 가지고 해석하는 거겠죠. 제 아이는 운이 좋았으나, 세상에는 그렇지 않은 아이들도 존재할 겁니다.

그래서 첫 번째 의사가 그런 진단을 내렸던 것을 이제는 이해합니다. 그것과 별개로, 그의 권위적인 태도와 냉정한 전달법은 여전히 받아들이기 힘듭니다. 그에게 있어 저와 제 아기는 그저 수많은 수치와 경우 중 하나였을 뿐이었으니까요. 그러나 두 번째 의사는 달랐습니다. 그는 그 수치를 해석하는 과정에서 '저와 제 아기'라는 존재의 개별성을 고려했습니다. 저와 제 아기에게 지금 당장 필요한 것들과 차차 알아 가야 할 것들, 불필요한 것들, 그리고 가능성들을 고려해 이야기해 주었으니까요.

이 책을 처음 구상할 때, 이 오래된 기억이 문득 떠올랐습니다. 처음 이 책의 콘셉트는 '책으로 배운 생물학, 몸으로 겪은 생물학'이었습니다. 살다 보니 책에 나오는 일들을 실제 겪곤 합니다. 그러나 문자로 접했던 것과는 다른 경우가 많았습니다. '사물의 이치나 지식 따위를 해명하기 위해 논리적으로 정연하게 일반화한 명제의 체계'라는 정의처럼 이론은 현실을 설명하는 매우 좋은 틀이지만, 그 틀이 현실 모두를 담을 수는 없습니다. 어쩌면 당연한 걸지도 모르죠. 이론이란 틀은 현실을 이루는 수많은 장면에서 공통된 요소들만 찾아내 모아 놓은 것일 테니까요. 공통점도 중요하지만 개개인들에게는 이론가들이 공통점을 추출하면서 누락한 자기만의 무언가가 훨씬 더 중요할 수도 있습니다.

이 책의 글들은 제가 경험한 상황들을 바탕으로 전개됩니다. 저는 세 아이의 엄마이며, 큰아이 하나와 다섯 살 차이가 나는 쌍둥이 남매를 키우는 워킹맘입니다. 동갑내기 남편과는 육아 동반자이자 가정의 공동 경영자이지만, 아무래도 시간을 좀 더 유연하게 쓸 수 있는 제가 가정에서 일어나는 일들의 1차 검수자이자 책임자가 되는 경우가 많지요.

그리고 저의 아이들은 현대 의학의 선물이자, '시간차 쌍둥이'라는 묘한 관계에 있습니다. 세 아이 모두 시험관 아기 시술을 통해 얻었고, 쌍둥이는 큰아이를 얻기 위한 시술을 할 때 채취했으나 5년이 넘게 냉동시켜 두었던 배아들에서 태어났기 때문입니다. 발생학적으로 보면 같은 시간에 형성되었으나, 들어 있던 캡슐의 번호표 순서에 따라 출생 연도가 달라진 아이들이죠. 그러니 이 책의 이야기는 어디에나 있는 멀티태스킹 워킹맘이자, 다소 독특한 방식으로 엄마가 된 제 경험을 중심으로 전개될 수밖에 없을 겁니다.

제가 경험했던 인생이라는 책의 한 페이지, 한 페이지를 넘기며 생물학 이론들이 설명해 온 보편적이고 공통적인 것들을 찾는 동시에, 과학 이론이 놓친 저만의 사실과 경험이 없는지 세심하게 살피며, 삶과 과학의 연결 고리와 차이점을 성찰하고 그려 내려 했습니다. 수치와 결과를 소개하는 걸 넘어서 그 수치와 결과를 안고 살아가는 사람을 중심에 놓음으로써 과학 지식이 우리 삶 속의 한 부분으로 스며들길 원했습니다. 그래서 독자 여러분도 제가 들려드리는 사실과 경험의 공통점과 고유성에 자신만의 페이지를 추가하는 느낌으로 읽어 주셨으면 합니다.

차례

2부

살다

3부
품다

1부

깃들다

1.
당신이 겪은 일은
모두
자연스럽습니다

제가 어린 시절 부모님들이 시청하던 텔레비전 아침 드라마 혹은 주말 드라마는 대개 '화목한 가정'을 표상하는 흔하디 흔한 클리셰들로 가득했습니다. 남편 쪽의 부모와 조부모, 아들 내외에 성인이지만 아직 독립하지 않은 남편의 형제자매들까지 예닐곱 명의 어른들만 가득 앉은 아침 식탁. 제일 먼저 일어나 이리저리 종종거리며 가족들 식사를 챙기다가 제일 늦게 식탁 한쪽 구석 자리에 앉은 새 며느리가 급하게 국을 한술 뜨다 말고 헛구역질을 합니다. 그 소리가 그리 큰 것도 아닌데, 저마다 시끄럽게 떠들던 가족들은 귀신같이 그 소리를 알아채고 일순 모든 행동을 정지한 채 그녀만을 바라봅니다. 그리고 다음 장면, 식구들은 박수치며 환호하다가 갑자기 무언가를 깨달은 듯 부산스럽게 그녀를 모든 가사 노동에서 제외합니다. 조금 전까지는 물 한 잔도 제 손으로 떠다 마시지 못해 그녀의 이름을 불러댔던 이들이 갑자기 제 발로 멀쩡하게 돌아다니며 그녀가 빈 그릇 하나라도 들면 큰일이라도 날 듯이 손사래를 치기 시작합니다. 새 며느리는 순식간에 가족 내 가장 낮은 서열에서 손대면 깨어질 것 같은 유리 인형이 되어 버립니다. 왜냐고요? 그녀는 임신을 했거든요.

드라마에서 이런 장면들을 너무 흔하게 보고 자란 탓인지, 저 역시도 처음에는 임신을 하면 그저 가만히 있어야 하는 줄로만 알았습니다. 또한 저는 시험관 아기 시술을 통해 아주 힘들게 아이를 가졌기에, 임신 중에는 더욱더 조심해야 한다고 생각했습니다. 하지만 첫 아이를 임신했던 그 몇 달 동안은 제 인생에서 몇 손가락 안에 꼽을 수 있는 운동 중독의 시기였습니다.

고대하던 아이를 임신하고 초기 불안했던 시기를 넘어 드디어 안정기에 들어서자, 다니던 난임 병원을 '졸업'한 뒤, 집 근처에 있는 중견 규모의 여성 전문 병원을 찾아갔습니다. (난임 전문 병원에서는 안정기에 들어선 임산부는 다른 병원으로 전원시키거나 담당 의사를 바꾸어 줍니다. 이를 '졸업'이라고 하는데, 같은 병원을 다녔지만 아직도 임신을 간절하게 기다리는 다른 이들을 배려하는 거죠.) 그렇게 새로 만난 담당의는 제게 운동을 권했습니다. 임신 중에 지나친 몸무게 증가는 여러모로 좋지 않으며 자연 분만을 위해서라도 운동을 하는 게 좋다는 거였죠. 그런데 그중 '자연' 분만이라는 말이 이상하게 마음을 찔렀습니다.

임신을 전후해 수많은 의학적 처치를 받았습니다. 복강경 시술에 자궁 내막 자극술도 받았고, 거의 3개월을 매일매일 배와 엉덩이에 호르몬 주사를 맞았습니다. 임신 전에는 아기만 가지면 된다고 생각했으나, 임신 기간이 자꾸 지나가자 그동안 눌러 두었던 걱정이 스멀스멀 피어오르기 시작했습니다. 뱃속 아기가 무사히 잘 크고 있는지, 어디가 잘못되는 건 아닌지 하는 문제는 모든 임산부의 불안거리이지만, 제 걱정의 뿌리는 그 결이 좀 달랐습니다. 제 배에서 자라는 아이가 이른바 '자연스럽지 않은 과정'을 통해 자리 잡은 아이였기 때문입니다. 과배란 주사를 통해 강제로 배란시킨 수십 개의 난자들을 주사 바늘을 이용해 하나하나 몸 밖으로 빼낸 뒤, 역시 인위적으로 몸 밖으로 배출된 정자와 페트리 접시에서 만나 만들어진 수정란에서 탄생한 아이였습니다.

수정 후 첫 일주일간 배아는 배양액에 담긴 채 온도와 습도와 이산화탄소 농도가 유지되는 실험용 인큐베이터에서 자랐습니다. 일주일 후 포배기에 들어서자 배아를 인큐베이터에서 꺼내 배양액을 제거하고 부동액으로 채워진 작은 플라스틱 튜브에 담아 섭씨 -196도 이하의 액체 질소 탱크에 보관했습니다. 배아는 그 튜브 속에서 6개월 동안이나 얼어 있다가 다시 해동된 후에 제 몸에 이식되었습니다. 이 모든 과정을 거쳐 어렵게 제게 깃든 아이였습니다. 불과 반세기 전까지만 하더라도 불가능한 일이었지만, 현대 의학은 이 모든 것을 가능하게 만들었습니다.

누군가는 이를 기적이라고 하며 진심으로 축하해 주었습니다. 하지만 모두가 다 그렇게 느끼는 건 아니었습니다. 누군가는 이런 과정이 매우 부자연스럽다고 느꼈나 봅니다. 그렇게 아이를 가지는 것이 과연 맞는 일인지, 그런 모든 일을 겪어도 아기가 괜찮을지 걱정을 가장해 답 없는 질문을 던졌습니다. 심지어 자연의 섭리를 위반하는 일 같아 소름이 돋는다고 이야기하는 이도 있었습니다. 순간, 서늘하고도 무거운 침묵의 감정이 등줄기를 스치고 내려갔습니다.

당시 전 그 말을 듣고 아무 말도 하지 못했습니다. 상황이 정의되지 않으니 어떻게 대응해야 할지도 몰랐던 것이죠. 하지만 대응하지 않았다고 해서 상처가 남지 않았다는 건 아니었습니다. 그때의 느낌은 저와 제 아이의 존재에 대한 부정에 가까운 느낌이었습니다. 생명체라면 누구나 할 수 있다고 여겨지는 재생산의 과정을 수행하지 못했다는, 하나의 인간이기 이전에 생명체로서 가져야 하는 존재 의미에 대한 평가 절하를 당한 느낌이었습니다.

그래서였을까요, 첫 아이를 낳기 전에는 자연 분만에 집착했고, 낳은 후에는 모유 수유를 고집했습니다. 운동이 자연 분만에 좋다는 소리를 들은 뒤로, 안정기에 들어선 임신 16주부터 출산 때까지, 일주일에 3회씩 임산부 요가 클래스와 아쿠아로빅 수업을 들었습니다. 라마즈 분만 호흡법 강좌를 들었고, 주말에는 강변을 걷고 또 걸었습니다. 다행히 입덧도 별로 없었고 임신 전까지만 해도 이상 없이 건강했던 편이라 운동이 그다지 무리가 되지 않았습니다. 그렇게 운동한 게 도움이 되었는지 혹은 운이 좋았는지 모르지만, 첫 아이의 출산은 잔뜩 겁먹었던 것에 비해서는 수월하게 넘어갔습니다. 또한 두 번째 관문이었던 모유 수유 역시도 젖몸살이나 유량 부족 등의 문제 없이 금방 익숙해졌고, 아이에게 젖을 먹이면서 정말로 행복한 기분을 맛보았습니다. 그제야 뭔가 좀 안심이 되었습니다. 뭔가 해냈다는 안도감이 느껴지자, 주변이 제대로 보이기 시작했던 것이죠.

아이를 낳고 산후 조리원에서 만난 또래 엄마들은 아기를 만난 기쁨과 함께, 제가 그때 느꼈던 그 감정들을 저마다 다른 이유로 느끼고 있었습니다. 누군가는 자연 분만을 시도하다가 아기가 태변을 보는 바람에 감염 위험이 생겨 급하게 수술을 했고, 아기도 병원에서 며칠 입원해야 했습니다. 아기가 나오다가 산도에 걸려 흡입기를 사용해 출산하는 바람에 아기의 머리 모양이 다소 길쭉하게 변형된 경우도 있었습니다. 이른둥이로 태어나 인큐베이터에 있다가 조리원으로 왔다는 아기는 체구가 아주 작아 고만고만한 갓난아이들 사이에서도 눈에 띄었습니다. 현대 의학은 이 아이들이 별다른 이상 없이 건강하게 자라도록 보장해 줄 겁니다. 그걸 알고 있음에도 불구하고 엄마들은 아기에게 미안해했습니다. 건강하고 자연스럽게 세상과 만나게 해 주지 못한 것 같아서 말이죠. 아이를 낳는 데는 별문제가 없던 이들이라고 모두 마음 편한 것은 아니었습니다. 젖이 잘 돌지 않아 아기에게 충분한 모유 수유를 할 수 없는 이도 있었고, 젖은 도는데 함몰 유두나 유두 균열로 젖을 물릴 수 없는 이도 있었으며, 흔히 젖몸살이라 불리는 유선염이 심해서 엄마가 열이 펄펄 나는 경우도 있었습니다. 심지어 아무 문제가 없는데도 아기가 모유를 거부하고 젖병만 찾아 유축기로 짜낸 모유를 젖병에 담아 먹여야 하는 경우도 있었습니다.

처음 아기를 만나는 엄마들은 이런 상황에서 당황해서 어쩔 줄 모르고 허둥댔습니다. 아이로니컬하게도 이럴 때 위로보다는 상처를 더하는 이들은 주로 가족과 친구 같은 가까운 이들이었습니다. 가뜩이나 뭔가 잘못하고 있는 건 아닐까 하고 위축된 초보 엄마 앞에서, 자연 분만을 해야 혹은 모유 수유를 해야 엄마 몸도 금방 회복되고 아기도 건강하게 잘 자라는데 그러지 못해 어떡하냐는, 또다시 걱정을 가장한 답 없는 물음을 던지는 이들이 그들이니까요. 내가 뭔가 잘못해서, 내 몸이 뭔가 이상해서 아기를 낳고 젖을 물리는 그 '자연스러운' 일조차도 제대로 하지 못한다는 사실을 가장 가까운 이들을 통해 확인하게 되면, 아직 산고에서 회복되지 않은 산모의 몸과 마음은 쉽게 바스러지고 맙니다.

브렌 브라운(Brene Brown)은 『수치심 권하는 사회(*I Thought It Was Just*

Me)』**[1]**에서 사람들이 느끼는 부정적인 감정을 다양한 층위로 분석합니다. 사람들은 살면서 부당한 경험을 하게 되고, 그 순간 느껴진 굴욕감 혹은 수치감은 다른 감정보다 더 오래도록 뇌리에 살아남으며 시시때때로 마음을 긁어댑니다. 이때 굴욕감과 수치심의 차이는 동일한 사건에 대한 책임의 원인을 어디에 두느냐에 따라 달라진다고 합니다.

예를 들어 누군가에게 괴롭힘을 당했을 때, 그 부정적인 감정의 원인을 상황과 상대에 둔다면, 즉 상대가 원체 나쁜 사람이거나 혹은 지금 상황이 일시적으로 안 좋아서 이런 일을 겪게 되었다고 생각한다면 그 감정의 결은 굴욕감으로 느껴집니다. 하지만 이런 부당한 일의 원인이 근본적으로 나에게 있다고 생각한다면, 다시 말해 내가 힘이 없어서 내가 쉽게 보여서 내가 뭔가 빌미를 줘서 이런 일을 겪게 된다고 여긴다면 수치심이 찾아옵니다. 굴욕감은 부정적인 행동에 대해서 느껴지는 정당한 분노지만, 수치심은 내가 존중받을 자격이 없는 존재이기 때문에 부정당했다는 절망적인 수용에 가깝습니다. 그래서 굴욕감을 느낀 이들은 화를 내고 이를 갈며 다시는 이와 같은 상황을 다시 만들지 않으려 하지만 수치감을 느낀 이들은 스스로 보잘것없는 존재로 여겨 자신의 내면을 더욱 할퀴어 상처를 내곤 합니다.

아이를 가지고 낳고 젖을 물려 키우는 일은, 여성에게 있어 누구나 할 수 있는 자연스럽고 아름다우며 심지어 숭고한 일이라는 사회적, 문화적, 전통적 가치관과는 달리 실제로 이 과정은 낯설고, 부자연스럽게 느껴지며, 나아가 힘들고 괴롭고 지난하기까지 한 일입니다. 그런데 우리는 그 모든 과정을 '자연스러운 생물학적 현상'이라는 한마디로 뭉뚱그려 입을 막습니다. 날아다니는 풀벌레조차도 아무렇지도 않게 하는 그 일을 왜 넌 제대로 못 하냐고 한다면, 수치감의 깊이는 한층 더 깊어지고 비밀스러워집니다. 그래서 자신이 겪은 부당함을 세상에 드러내려고 하지 않으려 하는 것이죠.

오랫동안 불편하게 마음 한구석에 도사리고 있던 감정들이 명확해지자, 제가 과거에 해야 했던 정확한 대응이 떠올랐습니다. 저는 아이를 원했고, 그 아이를 얻기 위해 합리적, 합법적으로 정해진 테두리 안에서 제가 할 수 있는 모든 것을 감내한 것뿐이었습니다. 그 과정에서 의학적 도움을 받은 것은 현대 과학 사회에서는 오히려 '자연스러운' 행동이었습니다. 우리는 이제 폐렴에 걸렸는데 자연 치유를 해야 한다고 산속에 들어가서 약초를 캐 먹거나 공기 좋은 곳에 산다는 정령에게 기도하지 않습니다. 폐렴에 걸렸으면 병원에 입원해서 항생제를 사용하고 산소 공급을 해 주면서 의학적 치료에 몰두하는 게 더 자연스럽다고 생각합니다. 이전에는 그렇게 했다고 해서 지금도 그게 옳거나 정당한 건 아닙니다. 저마다 처한 환경도 처지도 가능성도 다릅니다. 보조 생식술을 써서 아이를 가지거나 제왕 절개를 하거나, 혹은 인큐베이터에서 첫날을 맞이하거나, 모유 대신 조제 분유를 먹이거나 하는 것들은 모두 현대 사회에서 아이의 생존을 위해 제공할 수 있는 다양한 선택지 중에서 최적화된 것을 적용한 적절하고 적합한 판단입니다.

그러니 저는 그런 말을 한 사람의 얼굴을 똑바로 바라보며 스스로의 행동에 부끄러운 줄 알라고 지적을 했어야 합니다. 나는 내가 할 수 있는 최선을 다한 것인데, 그게 당신의 마음에 들지 않는다는 이유로 나의 모든 선택과 노력을 부정하고 폄훼할 권리가 당신에게는 없다고 말이죠. 그건 제가 부끄러워할 일이 아니라, 상대가 사과해야 할 일입니다. 그가 한 말에 상처를 입은 건 저였고, 누구도 그에게 제 마음을 휘저어도 된다는 권리를 준 적이 없으니까요.

자신이 처한 상황에서 융통성 있게 최적의 결과를 추구하는 것이 생명체가 지닌 자연스러움의 본질입니다. 적어도 '자연스러운' 생물학적 과정이 무엇이든, 어떤 방식도 현재 합법적으로 가능한 범위 안에서 이루어진다면, 그게 바로 자연스러운 일인 겁니다.

2.
당신 몸속 지도를
알아두세요

1918년 겨울 미국의 개인 용품 제조 기업 킴벌리클라크(Kimberly-Clark)
는 3,000톤이 넘게 재고로 쌓인 셀루코튼(cellucotton) 때문에 골머리를 앓
고 있었습니다.[1] 한 해 전, 미국이 제1차 세계 대전에 참전하며 야전 병원
에서 거즈로 사용할 면이 부족해지자 킴벌리클라크 연구진은 목재에서
추출한 섬유질을 가공해 만든 면 대용품을 군에 납품합니다. 이것이 셀
루코튼이죠. 셀루코튼은 면보다 흡수력이 5배 이상 좋아서 피나 진물이
나는 상처를 싸매기에 좋았고, 원재료가 나무인지라 재료 수급 문제도
적었습니다. 다만 셀루코튼은 면 붕대처럼 세탁할 수가 없어서 재사용이
어려운 게 단점이었지만, 애초에 셀루코튼의 가격은 매우 저렴했고 위생
면에선 오히려 일회용을 쓰는 것이 나았기에 큰 문제가 되진 않았습니다.
　　셀루코튼의 유용성을 인식한 군부는 이를 대량 주문했고, 제조사
는 이에 맞춰 생산량을 크게 늘렸습니다. 하지만 전쟁은 이듬해에 끝이

낳고 과잉 생산된 셀루코튼은 이제 판매처를 잃어 고스란히 재고로 쌓였습니다. 이 악성 재고를 처리할 방법을 고심하던 경영진 귀에 반가운 일화가 들려왔습니다. 야전 병원 간호사들이 셀루코튼을 상처를 덮는 거즈 용도 말고 다른 용도로 썼다는 것이었습니다.

가임기의 여성은 임신 및 수유 기간을 제외하고는 건강상에 큰 문제가 없다면 주기적으로 월경을 합니다. 괄약근이 있어 의도적으로 조일 수 있는 항문이나 요도와는 달리, 여성의 질에는 그런 기능이 없으므로 월경혈은 참거나 모을 수 없습니다. 그래서 여성들은 오랫동안 천을 잘라 만든 월경대를 이용해 월경혈이 옷에 묻거나 바닥에 떨어지지 않도록 해왔지요. 월경은 전쟁터에 종군 간호사로 배치된 여성들이라고 하여 피해 가는 법은 없습니다. 그래서 이 여성들도 처음에는 천으로 만든 월경대를 사용했는데, 눈코 뜰 새 없이 바쁘게 돌아가는 전쟁터에서 월경대를 모아서 빨고 말리고 하는 일은 여간 번거로운 일이 아니었습니다. 게다가 전쟁터입니다. 주변에 온통 젊은 남성들이 가득한 군대라는 특성상 그저 그런 천 조각이 아닌 월경대를 내놓고 햇빛에 말리기 위해서도 상당히 용기를 내야 했습니다. 월경에 대한 사회적 터부가 강하던 시절이었으니까요. 그러던 중 누군가가 이런 생각을 합니다. 천 대신 셀루코튼을 쓰면 어떨까 하고 말이죠. 당시 야전 병원에 셀루코튼은 충분히 보급되고 있었습니다. 그런데 써 보니 이게 꽤 편리했습니다. 애초에 셀루코튼은 상처에서 흐르는 피와 고름을 흡수할 용도로 개발됐기에 '흡수'라는 월경대의 일차적 역할을 훌륭히 해냈고, 일회용이라서 기존 월경대가 가졌던 세탁과 건조의 부담에서도 해방될 수 있었으니까요.[2]

이 이야기를 전해 들은 킴벌리클라크는 기민하게 움직입니다. 전쟁이 끝나고 바로 다음 해인 1920년에 셀루코튼을 이용한 최초의 일회용 생리대 코텍스(Kotex)를 출시했습니다. 일회용 생리대는 간편하고 위생적인데다 무엇보다 천보다 흡수력이 좋아 월경혈이 샐 걱정을 덜어 주었기에 곧 날개 돋친 듯 팔려 나갔습니다. 이후 밀리지 않게 속옷에 붙일 수 있는 접착식 생리대와 고분자 흡수체가 들어가 두께를 줄인 생리대, 월경량에 따라 크기를 적절하게 선택할 수 있게 한 것에서 체내 삽입형 생리대인 탐폰까지 다양한 디자인과 크기와 성능을 지닌 일회용 생리대가 개발돼 여성들이 월경 기간을 좀 더 수월하게 넘기도록 도와줬지요.

초경을 시작한 지 수십 년이 지났으니 시중에 나온 생리대는 거의 종류별로 다 써 본 듯싶습니다. 개인적으로 마음에 드는 건 탐폰[3]이었습니다. 작아서 휴대하기도 좋고, 샐 염려도 덜하니까요. 하지만 제 선호도와 달리 여러 여성의 경험담을 듣다 보니 탐폰에 대한 부정적 시각도 적지 않았습니다. 여성들이 탐폰을 거부하는 이유는 크게 세 가지였습니다. 이 물질을 몸속에, 특히 질 속에 인위적으로 집어넣는 행위 자체가 불러일으키는 심리적 거부감(여기에는 처녀막이라는 일종의 흔적 기관에 대한 지나친 신성화도 한몫합니다.), 몸 내부로 연결된 공간에 이물질을 넣었다가 너무 깊이 들어가 버려 찾을 수 없을지도 모른다는 불안감, 그리고 탐폰을 처음 넣는 과정에서 흔히 시행착오로 겪는 불편함과 통증에 대한 불쾌한 기억을 꼽는 이가 많았습니다. 심리적 이유야 개인 성향에 따른 것이니 어쩔 수 없지만, 후자의 두 이유는 그 근원이 많은 이가, 심지어 여성조차 자기 몸의 구조를 제대로 몰라서 일어난 오해라는 사실이 조금은 안타까웠습니다.

교과서든 인터넷이든 자궁 구조 혹은 여성 생식 기관 구조를 검색하면, 압도적으로 많이 나오는 것이 다음 그림과 같은 정면 구조입니다.

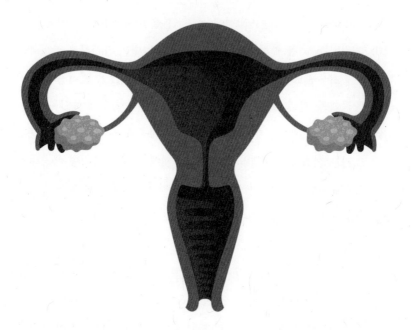

여성의 생식 기관 구조.

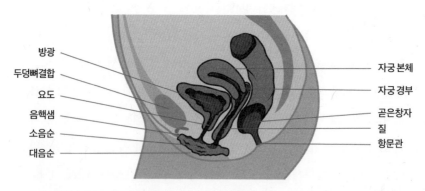

방광
두덩뼈결합
요도
음핵샘
소음순
대음순

자궁 본체
자궁 경부
곧은창자
질
항문관

여성의 생식 기관과 주변 장기를 측면에서 본 모습. 자궁목과 질의 안쪽 부분이 거의 직각으로 꺾여 있음을 알 수 있다.

부드러운 역삼각형 모양의 자궁은 아래쪽으로 질과 연결돼 있고, 양쪽으로 뻗어 나온 두 팔과 같은 난관 끝에 달걀을 닮은 난소가 있는 오른쪽 위의 그림입니다. 이 그림만 봐서는 질이 인체의 수직축과 같은 방향으로 놓여 있다고 생각하기 쉽습니다. 직관적으로도 그래 보입니다. 대개 질은 무언가를 배출하는 역할을 많이 하거든요. 월경혈이 그렇고 출산이 그러하듯이요. 그래서 처음 탐폰을 쓰는 이 중에는 수직 방향으로 탐폰을 삽입하려다가 통증과 불편함을 느끼고 이 불쾌한 기억 때문에 사용을 꺼리는 일이 종종 생깁니다. 그러나 여성의 질과 자궁은 이렇게 수직선 위에 놓여 있지 않습니다. 이는 오른쪽 아래 그림처럼 몸의 측면에서 보면 명확히 알 수 있습니다. 여성의 골반 내부에는 방광과 자궁, 곧은창자(큰창자) 등이 있습니다. 방광과 연결된 요관, 자궁과 연결된 질, 곧은창자와 연결된 항문은 수직 방향이라기보다는 비스듬히 기울어져 있습니다. 이는 직립 보행을 하는 인체의 특성상 아주 당연한 '구조 역학적' 디자인입니다.

방광과 자궁, 곧은창자는 각자 그 대상은 달라도 기본적으로 무언가를 저장하고 배출하는 기관입니다. 무언가를 저장하려면 해당 기관은 주기적으로 팽창하고 무거워질 수밖에 없습니다. 육상에서 살아가는 생물은 수직 방향으로 중력의 영향을 받기에 무언가 무거워진다는 건, 이를 지탱하는 데 많은 힘이 필요하다는 이야기와 같습니다. 네발짐승의 경우에는 큰 문제가 없습니다. 이들은 외부로 열린 배출구가 중력의 영향을 덜 받는 수평 방향으로 있기에, 배출구와 연결된 저장 기관이 크고 무거워지더라도 배출 압력을 상대적으로 덜 받거든요. 하지만 인간은 다릅니다. 인간을 지금의 인간으로 만들었던 직립 자세로 인해 인체는 구조상 배출구가 중력과 같은 방향에 놓이게 됐는데 여기서 문제가 생겨납니다.

내부에 무언가를 채울수록 배출 압력이 급격히 커지는데, 그렇다고 아무 때나 마구 배출할 수도 없고 이미 만들어진 배출구를 몸의 다른 곳에 뚫을 수도 없으니까요. 그래서 골반 장기들의 배출구, 즉 방광과 요도, 자궁과 질, 큰창자(대장)와 항문은 배출 압력을 줄이기 위해 기울어져 있습니다. (곧은창자의 끝부분이 꺾인 것은 현대인을 괴롭히는 변비의 원인 중 하나가 되었지만 말입니다.) 그런데도 중력의 압박은 강해서 치질은 인류가 직립을 대가로 얻은 고질병이 되었지요.

저장과 배출의 기능이 같다고 해서 이 기관들이 모두 같은 압력을 받는 것은 아닙니다. 그중 최고의 압력을 견디도록 설계된 곳이 자궁입니다. 임신하면 아기와 태반, 양수 등 몇 킬로그램에 달하는 중량을 몇 개월이나 절대로 새지 않도록 고스란히 버텨야 하니까요. 만약 적당한 때가 되기 전에 중량을 감당하지 못하고 자궁목(자궁 경부)이 열리면, 유산과 조산으로 이어져 태아를 잃을 가능성이 커집니다. 따라서 질의 각도는 신체의 수직축이 아니라, 몸의 앞쪽에서 시작해 뒤쪽 사선으로 비스듬히 올라가 있으며(그리하여 탐폰 사용의 올바른 방향은 몸의 수직축이 아니라, 앞에서 뒤로 비스듬히 올라가는 사선 방향입니다.), 자궁목은 질의 안쪽 끝부분과 거의 기역자로 꺾여 자궁은 반대로 몸 앞쪽으로 기운 상태로 있습니다. 이렇게 기울어 있어야 임신 말기로 갈수록 점점 더 늘어나는 태아의 무게로 인한 배출 압력을 효과적으로 상쇄할 수 있습니다. 이렇게 질과 자궁은 거의 90도에 가까운 각도로 꺾여 있고 평소에도 자궁목은 월경혈이 흘러나올 정도의 틈만 겨우 있을 정도로 닫혀 있기에 탐폰을 아무리 깊게 밀어 넣는다고 해도 결국 자궁목에 막혀 더는 안쪽으로 들어갈 수 없습니다. 그러니 탐폰을 넣는다고 해서 이것이 자궁으로 쑥 들어가 버려 잃어버릴 걱정은 하지 않아도 됩니다.

여담으로, 질과 자궁의 이런 직각에 가까운 구조적 위치는 임신 중에 태아를 잘 받치는 훌륭한 구조 역학적 디자인으로 기능하지만 막상 아기가 태어날 때는 꽤 장애가 됩니다. 인간 여성의 출산이 다른 동물보다 훨씬 더 길고 고통스러운 것은, 인간 여성의 몸에 비해 태아가 상대적으로 큰 것도 하나의 이유로 작용하지만, 사정없이 꺾인 자궁과 질의 해부학적 구조도 한몫합니다. 출산 시 태아는 자궁목에서 진행 방향을 크게 꺾어 돌아 나와야 하기에 시간이 오래 걸리고, 자궁목이 열려 분만이 막바지에 다다랐음에도 아기가 나오지 못하고 난산으로 진행될 가능성이 생기는 것도 이 때문입니다. 아주 좁은 골목길에서 유턴해야 하는 초보 운전자의 심정인 거죠. 그나마 머리 쪽부터 나오면 좀 낫지만, 발부터 나오는 역아(逆兒)가 난산일 확률이 높은 것도 거꾸로 나오면 머리부터 진행할 때보다 방향 전환을 하기 훨씬 더 어렵기 때문입니다.

이처럼 출산의 고통은 신이 내린 신비로운 원죄 같은 게 아니라, 순전히 중력이 있는 행성에서 직립 자세로 살아가는 포유동물이 태아를 출산할 때까지 안전하게 지키기 위해 자연 선택을 통해 진화시킨 신체적 특성의 부산물일 뿐이죠. 흔히 교과서에 나오는 그림은 이해를 돕기 위한 모식도인 경우가 많습니다. 따라서 2차원으로 인쇄된 자궁 모식도를 아는 것과 내 몸의 3차원적 구조와 직립 보행이라는 특성, 지구라는 환경의 세 교집합 사이에 어떻게 위치하는지를 명확히 아는 것은 다른 관점일 수 있습니다. 이를 알면 막연한 두려움은 줄고 선택과 이해의 폭이 넓어질 가능성이 커집니다. 자신의 몸에 대해서 좀 더 알아보세요. 그건 절대 이상한 일이 아닐뿐더러 꼭 필요한 일이기도 합니다.

3.
난자는
캐는 것이 아니다

한여름 초입, 장마철이 시작되려는지 찌는 듯한 무더위가 숨을 막히게 하는 날이었습니다. 아침 일찍부터 전화가 한 통 걸려왔습니다. 무거운 몸을 간신히 일으켜 수화기를 집어 들었습니다. 울먹이는 부모님의 목소리. 할머니가 돌아가셨다는 소식이었습니다. 할머니는 아흔 살 생신을 한 달 앞두고 돌아가셨습니다. 열네 살의 어린 소녀는 열일곱의 어린 소년과 부부의 연을 맺었고, 딸만 내리 다섯을 낳고 시집 온 지 스무 해 가까이 지나서야 첫아들인 아버지를 보았다고 합니다. 지금에야 서른셋의 출산은 별것 아니지만, 당시 할머니의 마음고생은 이만저만이 아니었다죠.

그 기다림의 세월이 지난해서였을까요, 할머니는 맏손녀인 제가 결혼하자마자 계속 아이 이야기를 하셨지요. 하지만 그때는 그저 옛 어른의 잔소리쯤으로 듣고 흘려 버렸습니다. 결국 할머니가 돌아가실 때까지 증손주를 보여 드리지는 못했습니다. 하지만 상복을 입고 조문객을 맞이하고 빈소를 지키며 일손을 돕는 와중에도 저는 알람에 신경을 곤두세우고 있었습니다. 염이 끝나고 입관과 발인을 거쳐 할머니의 유골을 가족 납골당에 모시고 삼우제를 치르고 탈상을 할 때까지도 계속 제 휴대폰 알람은 일정한 시간이 되면 저를 일깨웠고, 기계가 무심하게 알려주는 시간마다 저는 사람들 눈을 피해 아무도 없는 빈 공간으로 숨어들었습니다. 그때마다 제 손에는 주사기와 약병과 알코올 솜이 들려 있었죠.

제가 나쁜 습관을 가졌거나 병이 있어서가 아니었습니다. 당시 저는 시험관 아기 시술을 시작했기에, 몇 주 동안 매일 정해진 시간에 정해진 용량, 정해진 순서의 약물을 주사로 주입해야 했기 때문이었습니다. 내내 장맛비가 억수같이 내리던 그해 칠월의 며칠간을 떠올리면, 지금도 뭐라 말할 수 없는 묘한 감정에 휩싸이곤 합니다. 제게 유전자를 물려주신 할머니가 세상을 떠나신 순간에도 저는 제 유전자를 가진 아이를 세상에 내놓기 위해 내 몸에 스스로 주사를 꽂아 넣어야 했습니다. 그 서글픈 어긋남이 참 많이 서러웠지요.

일반적으로 여성은 임신 한 번에 아이 1명을 낳습니다. 인간의 신체적 특성상 임신과 출산은 모체에 상당한 부담이 되고, 아이를 양육하는 데도 품이 많이 들기 때문에 임신 한 번에 자손 1명은 진화의 최적화된 결과입니다.[1] 그렇기에 여성들은 배란기에도 난자를 1개만 배란합니다. 그 이상의 난자를 만들어 내 더 많은 수의 아이를 갖는 게 개체의 생존과 종의 번성에 오히려 도움이 되지 않기 때문에 굳이 더 많이 만들 이유가 없습니다. 하지만 임신이 자연스러운 생물학적 과정에서 벗어나 일종의 '의학적 기법'이자 '달성해야 하는 목표'가 되는 순간, 사람의 존재감은 희미해지고 숫자로 제시되는 확률과 가성비가 전면에 등장하게 됩니다.

보통의 남녀가 배란기에 관계를 가졌을 때 임신할 확률은 10퍼센트 내외로 알려져 있습니다. 배란기의 관계가 꼭 수정으로 이어지는 것도 아니고, 수정란이 만들어졌다 하더라도 모두 착상이 되는 것도 아니기 때문이죠. 이처럼 수정란은 만들어졌으나 착상에 실패하는 경우를 생화학적 임신(biochemical pregnancy)이라고 합니다.[2] 연구에 따르면 자연적으로 만들어진 수정란이 착상에 실패하는 비율은 22~50퍼센트라고 합니다. 그러니 만들어진 수정란 중 절반에 가까운 수정란이 자궁에 제대로 착상하지 못하고 임신으로 이어지지 못하는 거죠. 그래서인지 의학적 임신은 수정란이 자궁에 착상하는 순간을 기점으로 합니다.

　　실제로 당사자인 여성도 자신의 몸속에서 이런 일이 일어났다는 사실을 거의 인지하지 못합니다. 월경 시작일이 며칠 늦어질 수는 있지만, 애초에 여성의 월경 주기라는 것이 신체 내외적 환경에 매우 영향을 많이 받기 때문에 그것만으로는 확신할 수 없습니다. 다만, 임신 가능성이 있는 경우, 월경 예정일 전에 혈액 검사를 통해 hCG(human chorionic gonadotropin, 인간 융모성 성선 자극 호르몬)의 양을 측정하면 수정란이 만들어졌다는 걸 미리 짐작할 수는 있습니다.[3] 혈액 검사 결과 hCG 호르몬 수치의 증가는 관측되지만 월경이 시작되는 경우 생화학적 임신일 가능성이 크지요. 하지만 대개의 경우, 여성이 임신을 인지하는 것은 월경 예정일이 지난 후, 소변 속 hCG의 농도를 측정하는 간이 임신 테스트기를 통해서인데 이때 즈음이면 이미 의학적 임신이 시작된 이후인 경우가 많습니다.

　　수정란이 만들어졌는데, 임신으로 이어지지 않는 것은 시험관 아기 시술의 경우에도 마찬가지입니다. 실제로 체외에서 수정란을 형성해 이식하는 시험관 아기의 경우 착상률은 3분의 1 남짓입니다.[4] 물론 사람에 따라 착상률은 천차만별입니다. 단 한 번의 시도로 쌍둥이를 얻은 사람이 있는가 하면, 열 번 넘는 시도로도 번번이 임신이 되지 않는 사람도 있습니다. 여러 개의 배아를 이식했는데 그중 하나만 임신되기도 하고, 심지어 이식 이후 배아가 저절로 분열되어 일란성 쌍둥이가 태어나는 경우도 있습니다.

확률 계산을 해 봅시다. 여성의 몸은 한 달에 난자 1개를 만드는데, 3분의 1 정도의 성공률로 임신을 보장하려면 어떻게 해야 할까요? 단순하게 생각하면 1개씩 세 번을 시도하든가, 한 번에 수정란 3개를 만들어 시도하든가. 그런데 임신이 목표가 된다면, 여러 번 시도하는 것보다는 한 번에 다수를 시도하는 것이 선호될 수밖에 없습니다. 기간과 비용을 단축할 수 있으니까요. 그런데 여성의 몸은 한 달에 난자를 1개씩만 성숙시켜 배출한다는 것이 문제입니다. 그래서 등장한 개념이 바로 '과배란 (superovulation)'입니다.[5]

과배란이란 말 그대로 정량보다 많은 난자를 배란하도록 난소를 자극하는 과정입니다. 이를 위해서는 여성의 배란 과정에 대한 이해가 조금 필요합니다. 배란은 저절로 일어나는 것이 아니라, 여러 호르몬의 정교한 조율을 통해 일어나는 섬세한 과정입니다.[6] 월경 주기의 시작은 머리뼈(두개골) 안쪽에 있는 시상하부에서 분비된 성선 자극 호르몬 분비 호르몬(gonadotropin-releasing hormone, GnRH)이 뇌하수체를 자극해 난포 자극 호르몬(follicle-stimulating hormone, FSH)과 황체 형성 호르몬(luteinizing hormone, LH)을 분비해 난소를 자극하는 것으로 시작합니다.

GnRH가 시작 신호를 주면, 미성숙 난자를 성숙시켜서 배란하게 하는 역할을, LH는 난자를 배란한 뒤 남은 난자 주머니인 난포를 황체로 변형시키는 역할을 수행합니다. 난포가 황체로 변형되면 여기서 프로게스테론(progesterone)이라는 호르몬이 나오게 되는데, 이 프로게스테론은 수정란의 착상을 돕고 임신을 유지하게 만드는 데 결정적인 역할을 하는 호르몬입니다. 임신 초기에 태아가 분비하는 임신 호르몬인 hCG의 농도가 낮거나 하혈이 있는 등 임신 상태가 불안정할 때 '유산 방지 주사'라고 놓아 주는 게 바로 이 프로게스테론 성분의 약물입니다.[7] 실제 배란과 착상에 관련된 역할을 수행하는 호르몬이 FSH와 LH라면, 이들이 언제 실전에 투입될지 시기를 조율하고 배란을 유도하려면 얼마큼의 양이 필요할지 양을 조절하는 상위 단계의 호르몬이 GnRH인 거죠.

과배란 유도를 위한 다양한 방법이 개발되어 있지만, 보편적으로 사용하는 방법은 가장 상위의 호르몬인 GnRH로부터 시작하는 겁니다. 월경이 시작되는 첫날은 모든 호르몬의 수치가 최저로 떨어진 날입니다. 그래서 월경을 시작하고 이틀째부터 합성 GnRH 호르몬을 주사합니다. 정상적인 양보다 많은 양의 GnRH가 몸에 들어오면 이에 맞춰 FSH와 LH의 자연적인 분비량도 늘어날 수밖에 없습니다. 실제 과배란 과정에서는 여기에 추가적으로 합성 FSH와 LH를 주사해 난소에 가해지는 자극을 증대시키기도 합니다. 이렇게 배란을 유도하는 호르몬들을 과하게 주사하게 되면, 원래는 1개씩만 반응해야 하는 미성숙 난자들이 한꺼번에 여러 개 반응해 자라나기 시작합니다. 과배란 현상이죠.

여기까지가 교과서 속에 등장하는 과배란의 과정이며, 보통 이 과정을 거치면 대부분 10개 내외의 난자가 자라난다고 말합니다. 이 정도면, 시험관 아기 시술을 두세 번 이상 할 수 있는 양입니다. 이식하고 남은 배아는 섭씨 −196도 이하의 액체 질소를 이용해 동결 보존하면, 다음에 다시 시험관 시술을 시도할 수 있으니까요. 문제는 사람의 몸은 저마다 호르몬에 대한 감수성과 민감도가 다르다는 겁니다. 교과서에서 권하는 양보다 훨씬 더 많은 호르몬을 투여받았는데도 불구하고 난자가 거의 자라지 않는 사람이 있는 반면 권장량의 호르몬만으로도 과민하게 반응하여 수십 개의 난자가 한꺼번에 배란되는 사람도 있습니다.

일단 난임 병원을 찾는 사람들, 특히 여성들은 절박한 경우가 많기 때문에 어떻게 해서든 난자가 많이 나오기를 간절히 바라곤 합니다. 하지만 제 경험상(저는 후자의 경우였습니다.) 난자가 많이 나온다는 것은 그만큼 제 몸이 망가짐을 의미하는 것이더군요. 호르몬 주사를 맞고 난자 채취일이 다가올수록 속이 울렁거리고 어지럽고 기운이 빠졌습니다. 가장 이상한 것은 아직 임신한 것도 아닌데 며칠 사이 마치 임신 중기 이후의 임산부처럼 배가 부풀어 오르기 시작했다는 겁니다. 허리가 갑자기 8인치나 늘어났고, 숨이 너무 가빠서 제대로 앉아 있기도 힘들었습니다. 과배란 시술의 가장 위험한 부작용 중 하나인 난소 과자극 증후군(ovarian hyperstimulation syndrome, OHSS)[8]이 찾아온 거죠.

난소 과자극 증후군이란 인위적으로 과배란을 유도했을 때 나타날 수 있는 부작용입니다. 보통 과배란을 유도하는 이유는 임신의 성공을 위한 난자를 많이 확보하기 위해서인데, 난자가 많이 자랄수록 난소 과자극 증후군의 발생률도 덩달아 높아집니다. 갑자기 배가 부풀어 오른 것은 난소가 자극을 받아 부어오른데다, 혈액 속의 전해질 불균형으로 인해 혈액 속 수분이 빠져 복수가 찼기 때문이었습니다. 난소 과자극 증후군은 오심과 구토 등 가벼운 증상에서부터, 수분 부족으로 인한 혈액의 점도 증가, 혈전 발생, 콩팥 기능의 저하, 저혈량성 쇼크 등 심각한 부작용을 가져오기도 합니다. 당시 저는 꽤 심각한 사례였고, 결국은 난자 채취 이후, 만들어진 배아들을 모두 냉동 보관할 수밖에 없었습니다. 당시의 제 몸 상태로는 임신을 견딜 수 없을 것이라는 의료진의 판단 때문이었습니다.

난자 채취를 마치고 부작용으로 입원했습니다. 복수 천자를 하고 혈장 단백질 성분으로 만든 알부민 링거를 맞으면서, 이온 음료를 하루에 6리터나 마셔야 했습니다. 알부민 링거를 맞고 있을 때, 회진 온 담당의는 저를 보며 말했습니다. 이번엔 잠시 쉬어 가야 하겠지만 난자가 많이 나왔으니 잘 된 거라고, 어차피 아기 갖는 게 목표였으니 이왕 고생할 거 한 번에 바짝 해치우는 게 낫다고 말이죠. 의사야 고생하고 낙담해 있는 저를 위로하기 위해서 한 말이었겠지만, 정작 저는 그다지 위로받지 못했습니다. 그때만큼 제가 아기를 갖기 위해 다루어지는 수단 같다는 생각을 한 적이 없었으니까요.

분명 의사의 말은 결과론적으로 보면 틀린 말은 아니었습니다. 46개나 되는 난자가 한꺼번에 배란되었기에 다시는 난자를 채취할 필요가 없을 정도로 충분한 양의 수정란을 얻을 수 있었고, 수정란들의 상태도 좋아 최상급 배아를 축구팀 둘은 만들 수 있을 정도로 충분히 확보해 냉동할 수 있었습니다. 하지만 그것을 위해 제 몸은 심각하게 균형이 깨지고 망가져 버렸습니다. 저라는 존재가 목적이 아니라 수단이 되어 버린 느낌, 마치 제가 한 사람의 인간이 아니라, 난자 광맥 혹은 인간 인큐베이터가 된 기분이 들었거든요.

이 모든 과정이 너무나 모순적이어서 서글펐습니다. 그동안 살아오면서 아기를 가지고 가족을 확장하는 것은 매우 숭고하고 가치 있는 일이라고 배웠는데, 그 결과를 향해 가는 과정에서 저라는 존재는 존중받지 못한다는 느낌이 들었기 때문이었습니다. 하지만 어떻게 해야 할지 알 수가 없었습니다. 인간 여성의 정체성을 지키면서 동시에 생물학적 자원 제공자의 역할 사이에서 균형을 잡는 방법을 찾는 건 너무나도 어려웠으니까요.

당시에는 혼란스러웠지만, 지금은 좀 더 분명합니다. 여성의 몸은 아이를 낳기 위해서 분명 필요합니다. 하지만 그 여성은 기계가 아니라, 살아 있는 생명이며, 사고하는 존재입니다. 자신이 겪을 과정에서 어떤 일이 일어날지, 그것이 어떤 원리로 인해 일어나는지, 가능성과 부작용 사이에서 더 선택해야 하는 것이 무엇인지를 전문가들은 과정 내내 알려주었어야 합니다. 그랬다면 제가 겪는 일이 무엇인지 미리 알고 마음의 대비를 할 수도 있었을 테니까요. 그리고 제가 감당할 수 있는 범위 내에서 제가 기꺼이 수용 가능한 범위 내에서 선택한 일들이기에 그토록 절망적인 기분은 들지 않았을 겁니다. 보조 생식술을 시도하는 여성들은 고쳐야 하는 기계가 아니라, 일시적으로 의학적 도움이 필요한 '사람'입니다.[9]

4.
언제부터 인간일까?

대학교 4학년의 여름 방학을 이런 곳에서 보내게 될 줄은 몰랐습니다. 졸업을 앞두고, 대학원 진학을 위해 여기저기 알아보다가 한 의대 대학원의 신경 약리학 연구실을 알게 되었습니다. 진학 상담 갔다가 교수님이 가능하면 여름 방학 때부터 미리 실험실에 나와서 실험실 생활이나 연구 방법을 두루두루 살펴보는 게 좋겠다고 권해서 실험실을 출입하게 되었기 때문입니다. 선배를 따라 처음 실험용 생쥐 사육실에 갔던 날이 기억납니다. 20년이 훨씬 지난 과거지만, 아직도 그 무거운 문 뒤의 공간에 대한 기억은 모습보다는 냄새로 먼저 떠오릅니다. 공기 중 분자의 이동 속도가 빛보다 빠를 수 없겠지만, 뇌에 각인되는 정도는 훨씬 더 깊은 모양입니다.

　실험용 생쥐 사육실의 냄새를 한마디로 묘사하기는 힘듭니다. 물론 불결함에서 오는 냄새는 아닙니다. 먹이와 물은 늘 신선했고, 오물은 깨끗이 치워지는 데다(사실 제가 처음 배운 일이 이것이었습니다. 먹이를 주고 케

43

이지의 톱밥을 갈아 주는 일 말이죠.), 온도와 습도 또한 정확히 관리되고 있어서 청결도로만 본다면 며칠 동안 피로에 찌들어 쓰러져 자는 데 바빠 거의 청소하지 못한 제 방보다도 깨끗했을 게 틀림없습니다. 하지만 살아 있는 포유류가 이 정도로 밀집되어 있는 곳에서는, '숨주머니'들이 만들어내는 끈적하고도 비릿한, 생명체의 그 뜨끈한 훈김이 서린 숨결이 공간을 가득 채우기 마련입니다.

그해 여름, 그곳에서 석 달을 보냈습니다. 그러면서 그 냄새에도 서서히 익숙해져 갔고, 할 수 있는 일도 많아졌습니다. 그러던 어느 날이었습니다. 투명한 플라스틱 우리에 붙은 라벨을 체크하고, 다시 한번 안을 확인했습니다. 우리 안에는 이제 제법 배가 묵직해진 암컷 생쥐들이 들어 있었습니다. 오늘 할 일은 실험 동물의 뇌 조직에서 세포를 추출해서 배양하는, 1차 세포 배양(primary cell culture)이었습니다. 이번 실험에 필요한 신경 세포는 태아 시절, 그것도 재태 기간(gestational age)이 3분의 2에 달한 시점에서만 배양 가능하고, 이 범위를 벗어나면 배양이 잘되지 않기에 확인을 잘해야 합니다. 자칫 날짜를 혼동해서, 제날짜가 아닌 쥐를 잡으면 애먼 쥐만 잡고 실험도 할 수 없게 되니까요.

다시 한번 라벨을 확인한 뒤, "미안하다."라는 말은 입속으로만 되뇐 뒤, 어미 쥐는 프로토콜에 따라 처리하고 자궁을 적출했습니다. 대개 한 번에 한 아이만을 품는 사람의 자궁은 역삼각형의 주머니 모양이지만, 한 배에 여러 마리를 낳는 생쥐의 자궁은 콩깍지 2개가 V자 형태로 붙은 형태입니다. 그 콩깍지 안에 생쥐의 배아가 들어 있습니다.

이제 세밀한 작업만이 남았습니다. 새끼손톱보다도 작은 생쥐의 배아에서 머리만을 분리해 현미경 아래 올리고, 렌즈를 통해 확대된 상을

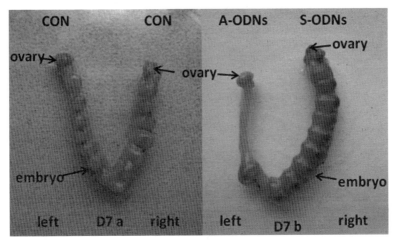

임신한 생쥐의 자궁. 역삼각형 모양의 인간의 자궁과는 달리, 생쥐의 자궁은 2개의 콩깍지가 V자 형태로 연결된 구조로, 한 번에 다수의 배아를 품을 수 있다. 사진의 ovary가 난소이고 embryo가 배아이다.

보면서 미세한 핀셋으로 얇디얇은 두피와 그보다 더 얇은 뇌막을 벗기고 뇌 조직만을 분리하는 일입니다. 세밀한 작업인데, 배운 지 얼마 안 된 손가락은 아직 서툴러 시간이 꽤 오래 걸렸습니다. 오랜 시간 현미경의 접안렌즈에 눌린 동그란 자국이 눈 주위에 판다처럼 남을 때까지 말이죠. 제법 긴 시간 동안 눈과 손에 모든 신경을 집중하며, 가능한 다른 생각을 하지 않으려 애썼습니다. 내가 지금 살아 있던 생명체의 목숨을 빼앗고, 아직 태어나지조차 않은 숨을 끊고 그것을 낱낱이 해체하고 있다는 생각 말입니다. 지금 내가 다루는 건 생명이 아니라, 오직 세포의 덩어리일 뿐이라고 되새김하면서 말입니다.

그로부터 10여 년 후, 낯선 번호의 전화를 받았습니다. 제가 몇 년 전 아이를 낳는 데 도움을 받았던 한 난임 센터에서 걸려온 전화였습니다. 아이를 갖기 위해 시험관 시술을 받았을 때, 난자가 예상치를 훨씬 뛰어넘어 과배란되었기에 — 개인적으로는 부작용으로 인한 난소 과자극 증후군으로 매우 힘들었지만 — 수정란이 많이 만들어져 여러 개의 배아를 냉동해 놓은 상태였습니다. 그런데 그때 보관해 두었던 냉동 배아의 보존 기간이 다 되었다는 연락이었습니다. 따라서 계약서에 명시된 상호 조약에 따라 배아를 폐기하겠다는 이야기였습니다.

'폐기'라는 두 글자가 뇌리에 선명하게 박혔습니다. 물론 머리로는 압니다. 그 배아들은 하나의 인간이라고는 할 수 없는, 그저 세포 덩어리라는 것을 말이죠. 하지만 그 순간은 그런 생각이 떠오르지 않았습니다. 지금 제 눈앞에는 더없이 사랑스러운 다섯 살짜리 아들이 있습니다. 이 아이와 냉동 배아는 모두 한날한시에 만들어졌습니다. 그런데 이 아이와 같이 만들어졌던 배아들이 이제 보관 연한이 다 되었다는 이유로 '폐기' 대상이 되어야 한다는 말을 듣자 혼란스러워졌습니다. 그때 왜 10여 년 전, 그 실험실이 떠올랐는지 모릅니다. 살아 있던 어미 쥐를 죽이고 그 배아를 꺼내 배양을 하던 과정에서 애써 떠오르길 억누르며 지웠던 생각, 언제부터 하나의 오롯한 생명인가에 대한 생각 때문이었을지도 모릅니다.

나와 다른 사람을 구분하는 것은 매우 직관적이고 간단합니다. 우리는 대개 남과 몸을 공유하지 않으니, 내 몸을 지닌 이가 나고 아니면 남입니다. 하지만 모체의 일부로 시작해 타자로 발생해 가는 태아를 언제부터 하나의 인간으로 인정할지, 그리고 그에 맞는 법적, 제도적 권리를 줄지 하는 문제는 매우 다릅니다. 난자와 정자가 수정된 순간부터 생명이라고 주장하는 이들이 있는가 하면, 수정란이 자궁에 착상하여 모체와 연결된 순간, 즉 임신이 시작된 순간부터 생명이라고 여기는 사람들도 있습

엄마 생물학

46

니다. 고대 로마에서는 이미 태어난 아이더라도 집안의 가장이 이 아이를 가족의 일원으로 인정해야만 하나의 인간으로 받아들였기에 가장이 거부한 영아를 죽이는 것이 죄가 되지 않았습니다.[1] 또한 문화권에 따라 아기가 엄마의 뱃속에서 태동을 시작한 순간에 영혼이 주입되었다고 생각해 이 시기를 기준으로 삼기도 하고, 심지어는 성인식을 무사히 치러내기 전까지는 온전한 하나의 인격체로 인정하지 않기도 했습니다. 그리고 태아만이 아니라 어린이까지도 부모의 부속물로 여겨 성인이 되기 전까지 부모가 생사여탈권을 쥐는 경우도 있었습니다. 물론, 나이와 성별을 막론하고 인간으로서의 권리를 허용하지 않는 노예라는 계급 집단을 존속시키는 사회와 문화권도 적지 않았습니다.

다양한 과학 기술의 발전을 통해 인간의 생물학적 발생 과정에 대한 정보가 쌓인 현대 사회에서는 기본적으로는 생물학적 발달 단계에 따라 법적인 권리가 주어지는 경우가 많습니다. 우리나라의 경우, 기본적으로는 태아의 전부가 모체의 자궁 외로 노출되는 시기를 기준으로 해서 독립된 인간으로서의 지위를 인정하는 편이지만, 법률에 따라 조금씩 다릅니다. 형사법에서는 출생 신호라고 할 수 있는 진통이 시작되는 시기를 기준으로 잡습니다. 그래서 만삭이라도 진통 전의 태아를 상하게 하면 낙태죄로 끝나지만, 분만 중에 태아를 죽이면 살인죄가 적용될 수도 있습니다. 손해 배상 청구권 혹은 유족 관련 문제를 다루는 민법상 조항에서는 태아도 출생아와 동일한 권리를 갖는 것으로 보기도 합니다.[2]

약칭 '생명 윤리법'으로 유명한 '생명 윤리 및 안전에 관한 법률'은 인간의 발생 단계에 따라 좀 더 세세한 기준을 제시하는데, 태아를 배아와 구분하고 이 배아도 단계 구분을 하고 있습니다.[3] 이 법에 따르면 배아(胚芽)란 "인간의 수정란이 수정된 시기부터 발생학적으로 모든 기관이 형성되기 전까지의 분열된 세포군"을 의미합니다. 그러나 모든 배아는 임신을 목적으로 할 때만 형성을 허가받을 수 있으며 — 그러니 처음부터 연구 목적으로 배아를 만드는 것은 금지된다는 뜻입니다. — 다만 임신 시도 이후 남은 잔여 배아 중 권리자가 기증을 허용한 경우에는 예외적으로 연구에 이용될 수 있으나, 이 역시도 신경계의 기원이 되는 원시선(primitive streak, 수정 후 14일경에 나타나며 신경계로 분화해 척추를 형성한다.)이 발달하기 전까지의 배아에 한해서만 가능하다고 명시되어 있습니다.

당시 냉동된 배아들의 일령은 수정 후 7일이었습니다. 그러니 법적으로 보면 이 배아들은 일종의 '세포군'이며, 법적인 보존 연한을 넘겼기에 즉시 폐기 혹은 기증 이후 연구 목적으로 7일간 이용 이후 폐기만이 남은 수순이었습니다. 게다가 애초에 냉동 자체가 세포에 부담이 되는 과정이기에 이미 배아가 손상되었을 가능성도 있어서 녹여 보기 전까지는 살아 있는 세포군으로 존재한다고 보기에도 어려웠습니다. 그러니 지식과 경험과 제도에 따르면 이 세포군들은 독립된 개체가 아니라 미분화된 존재여야 했습니다. 그렇게 배웠고 저 역시 타자(실험실의 생쥐)의 배아를 그렇게 대했으며 법적으로도 그러했으니까요. 그걸 모르는 것도 아니었고 어떠한 거리낌이 있어야 한다고 생각지도 않았습니다. 하지만 마음은 복잡했습니다. 그건 수정란을 기점으로 하고 죽음을 종점으로 하는 연속선상에 놓인 생명체의 발생 과정을 다룰 때면 필연적으로 제시될 수밖에 없는 근본적 문제였습니다.

인간 생(生)의 과정은 처음부터 끝까지 연속적입니다. 인간은 매우 아날로그적인 존재인 거죠. 과학의 발전은 인간이 어느 수준, 어떤 단계부터 인간인지를 구별해 내기보다는 오히려 인간의 생이 연속적이라는 사실만을 더욱더 확고하게 만들어 주었습니다. 제아무리 현미경으로 세세히 들여다보고, 심지어 세포 및 분자 수준에서 샅샅이 살펴보아도 딱 이 시점부터 인간으로서 대우를 받는 것이 합당하다는 명확한 지점이 존재하지 않다는 것만을 알아낸 셈이니까요.

게다가 제 눈앞에는 이제는 도저히 부재를 상상할 수 없을 것만 같은 살아 숨 쉬는 아이가 있었습니다. 이 아이와 저 배아들 사이의 차이는, 같은 날 같은 시간에 만들어졌으나 서로 다른 바이알(vial, 실험용 보관병)에 나뉘어 보관되었다는, 그 작은 차이에서 비롯된 것이었습니다. 그러니 이후의 선택은 순전히 제 마음에 달린 것이었습니다. 이들을 세포 덩어리로 규정해 그에 걸맞은 결정을 내릴 것이냐, 아직 태어나지 않은 나의 아이들로 받아들여 이들을 품을 것이냐. 이 책의 전체적 주제인, '책으로 배운 객관적 지식과 실제 내게 일어나는 개인적 경험 사이의 괴리'를 가장 강렬하게 겪었던 순간이기도 했습니다. 과연 저는 어떤 결론을 내렸을까요?

5.
1분과 5년

언젠가 우연히 인터넷에서 눈에 띈 기사가 있었습니다. 「영국서 쌍둥이 상식 파괴……, "오빠는 두 살 위, 생일도 달라요."」라는 제목의 기사였죠.[1] 해외 단신 기사라 많은 내용이 들어 있지는 않았지만, 기사의 논조는 '의학이 발달하니 이런 일도 있구나.' 정도의 느낌이었습니다. 그 기사를 보고 나니, 마음이 좀 심란해졌습니다.

제 아이들이 바로 이런 경우였습니다. 저는 세 아이들을 키우고 있는데, 첫 아이는 단태아였고, 둘째와 셋째는 쌍둥입니다. 큰아이와 막둥이들의 나이 차는 다섯 살이지만, 사실 수정 순간으로 거슬러 올라가면 이 아이들은 모두 같은 시간에 만들어진 쌍둥이들입니다. 시험관 아기 시술 과정을 통해 다수의 배아가 만들어졌고, 이들은 모두 동결 보존되었습니다. 그리고 큰아이는 6개월 후, 막둥이들은 5년 2개월 후에 해동되어 제 몸으로 이식되었고 무사히 태어났습니다. 수정된 시간은 같지만 태어난

51

시간은 다른 이 세 쌍둥이들은 무난히 동시대를 살아가고 있습니다.

이제 제가 난임 센터로부터 냉동 보존 배아를 폐기하겠다는 연락을 받았을 때 어떤 결론을 내렸는지 짐작하시겠죠. 저는 고민 끝에 저는 한 번 더 시도를 해 보기로 마음먹었습니다. 5년씩이나 냉동되어 있던지라 해동 후에도 배아가 무사할지 알 수는 없었지만, 시도조차 안 하고 지나친다면 다시는 기회가 없을 것 같았습니다. 첫 아이를 낳고 5년간 피임을 하지 않았어도 아기 소식은 여전히 없었고, 난자 채취를 하면서 부작용을 너무 심하게 겪은 터라 과배란 시술은 절대로 다시 하고 싶지 않았습니다. 그러니 이번이 마지막이라는 생각이 들었습니다. 제가 또 다른 아기를 만날 수 있는 마지막 기회.

하지만 결심을 했다고 해서 바로 이식할 수 있는 것은 아니었습니다. 이미 배아가 만들어진 후였기에 월경 주기 중 착상이 일어나는 시기, 즉 배란 후 5~7일이 될 때를 기다려야 했죠. 보통 여성의 배란은 자신도 정확한 날짜를 알기가 어렵기에 배란기는 일단 월경이 시작되기를 기다렸다가 이날로부터 2주 후로 봅니다. 그래서 이보다 2~3일 앞서 병원을 찾아 배란기에 들어섰는지 확인하는 과정이 필요합니다. 운이 좋다면 한 번의 진찰만으로도 배란기를 알 수 있어 바로 배아 이식이 가능한 날을 잡을 수 있지만, 그렇지 않다면 몇 번을 더 방문해야 할 수도 있습니다.

교과서에서는 여성의 월경 주기는 28일이며, 월경이 시작된 후 14일을 전후해 배란이 일어난다고 나와 있지만,[2] 이는 어디까지나 '평균' 값일 뿐, 개인적 편차가 큽니다. 마치 0점과 100점의 평균은 50점이지만, 누구도 50점은 아닌 것과 마찬가지입니다. 그래서 같은 시기에 병원을 방문해도, 누군가는 이미 배란이 끝난 경우도 있고, 다른 이는 아직 난포가 전혀 자라나지 않은 경우도 있습니다. 심지어 같은 사람이라고 해도 이 주기는 매번 조금씩 달라집니다. 게다가 월경 주기를 관장하는 호르몬은 몸 상태에 매우 예민하게 반응해서, 스트레스를 받으면 그 주기와 양상이 전혀 달라지는 경우가 비일비재합니다. 게다가 보조 생식술은 여성의 몸과 마음에 커다란 스트레스로 작용합니다. 보조 생식술을 시도하려고 하는 여성이라면 그 정도의 차이는 있겠지만 누구나 간절함과 좌절감을 가진 상태로 과정을 시작하며, 그사이에 수많은 검사와 약물과 주사로 인한 불편과 통증과 건강상의 이상을 겪고, 그럼에도 불구하고 내게 뭔가 문제가 있어 아이를 만날 수 없을지도 모른다는 불안감과 우울증과 자존감 저하에 시달리기 마련입니다.[3]

이 모든 상황은 결국 묵직한 스트레스로 다가오기 마련입니다. 그러니 우습게도 매번 어김없이 찾아와 '이번 달도 아기를 만나지 못했구나.'라는 실망감을 안겨 주던 월경이, 막상 배아 이식을 하기 위해 기다리기 시작하면 제날짜를 한참이나 넘겨도 오히려 그림자조차 비치지 않는 경우가 허다합니다. 그래서 '난임 카페'에는 "홍 양(월경을 지칭하는 단어)은 오지 말라면 꼬박꼬박 찾아오다가, 기다리면 안 온다."라는 하소연이 넘쳐나지요. 저 역시 예외는 아니었던지, 한없이 늘어지는 월경 주기 때문에 실제 이식 날짜는 병원에서 전화를 받고 두 달 뒤로 잡혔습니다.

시술대 위의 모니터를 통해 포배기에 무사히 들어선 배아가 보였습니다. 사람의 배아는 난자와 정자가 수정해 수정란을 만든 뒤, 난할(卵割, cleavage)이라는 다소 특이한 세포 분열 현상을 보이면서 무서울 정도로 빠른 속도로 분열합니다.[4] 보통 하나의 모세포가 분열해 딸세포 2개로 나뉘면, 각각의 딸세포는 이전의 모세포에 비해 크기가 작게 마련입니다. 그래서 보통의 세포들은 일단 다시 모세포만큼 몸집을 불린 뒤에야 다시 세포 분열을 시작합니다. 하지만 수정란은 이 과정이 생략됩니다. 다시 말해 한 번 분열해 원래의 절반 크기로 줄어 버린 상태에서도 다시금 분열을 거듭하는 거죠. 당연히 세포의 수가 늘어나는 것에 반비례해 세포의 크기는 작아질 수밖에 없지요. 이를 외부에서 관찰하면 마치 수정란(卵)이 잘게 쪼개지는(割) 것처럼 보인다 해서 난할이라고 부르죠.

난할이 거듭돼 작은 세포들이 빽빽하게 형성되면, 이 모양이 마치 뽕나무 열매인 오디를 닮았다 해서 오디배(morula)라는 이름을 얻게 됩니다. (상실배(桑實胚)라고 하기도 합니다.) 이때까지는 모두 크기도 모양도 역할도 동일했던 세포들은 가장 바깥쪽에 있던 세포들과 안쪽의 세포 덩어리가 나뉘며 수정란 내부에 약간의 공간이 생기게 됩니다. 이를 주머니배(blastocyst, 혹은 포배(胞胚))라고 합니다. 바깥쪽의 세포는 영양막 세포가 되어 장차 모체의 자궁에 달라붙어 태반과 탯줄로 발달할 것이며, 안쪽의 세포 덩어리들은 아기의 몸을 만들어 낼 예정입니다. 포배 이전까지의 세포들이 모두 동일했다면, 이제부터의 세포들은 각자 조금씩 다른 세포로 분화될 운명이 주어지기 시작합니다.

흥미로운 건 이 시기 세포들의 운명은 많은 경우, 그들의 '위치'가 결정적인 역할을 한다는 겁니다. 포배기에 표면에 있던 세포들은 태아가 아니라, 태아를 지탱하는 일종의 기관이 됨으로써 한정된 공간과 시간 속에서만 건재하다가 아기가 태어나는 순간 그 역할과 존재도 끝이 납니다. 세포 덩어리를 이루어 장차 태아로 자라날 세포들 역시도 잠시 후에 일어날 배엽 형성 과정에서 어느 배엽에 위치했느냐에 따라 가장 바깥쪽 외배엽에 있던 세포들은 주로 몸의 바깥쪽을 구성하는 신경계, 눈, 색소, 피부와

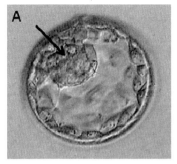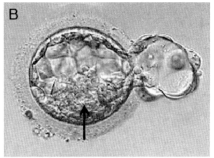

사람의 배아. A는 포배기 배아고 B는 난막을 뚫고 부화 중인 배아다.

체모, 땀샘 및 젖샘으로 분화되며, 가장 안쪽의 내배엽에 있었던 세포들은 몸 안쪽에 존재하는 위와 장, 이자, 방광, 기도와 허파로 자라납니다. 그리고 이 사이에 있던 중배엽의 세포들은 이들을 매개하는 뼈, 근육, 결합조직, 심장과 혈관, 비장과 생식계를 형성하죠.

물론 이 과정에서 세포의 역할을 조절하는 수많은 세포 전사 조절인자들이 꺼지고 켜지는 일이 일어나지만, 기본적으로 이 스위치를 조절하는 가장 강력한 압력이 바로 이 세포들의 위치입니다. "자리가 사람을 만든다."라는 말은 비단 사회적 인간만이 아니라, 생물학적 인간의 발달과정에도 맞는 말이 틀림없습니다.

다행히도 걱정했던 것이 무색하게도 해동된 배아의 건강 상태는 매우 좋았습니다. 영양막 세포는 균일하게 난막의 가장자리를 둘러싸고 있었고 안쪽의 세포 덩어리도 크고 구성 세포들의 크기 역시 일정하고 또렷한 게 매우 잘 발달한 건강한 세포였습니다. 심지어 배아 1개는 이미 부화를 시작해 난막을 뚫고 밖으로 나오는 중이었습니다. 어서 보듬어 품어 주기만 한다면 튼튼한 아기로 자랄 것임을 온몸으로 드러내는 듯이 말이죠.

처음 배아 동결 보존에 대해 상담했을 때, 담당의는 배아들이 모두 건강한 '상급' 배아라고 말했습니다. 일단은 건강하다니 안심했지만, 상급이라는 표현을 들으니 '그렇다면 하급도 있다는 뜻일까?' 하는 생각이 들어 기분이 미묘해졌습니다. 배아 시절부터 등급이 나뉜다니 말이죠. 배아의 등급을 나누는 건 착상률의 차이 때문입니다. 보조 생식술의 성공률을 다룬 논문들에 따르면, 상급 배아일수록 착상률이 높다고 일관되게 보고합니다. 하지만 하급 배아라도 배아 자체에 이상이 있는 건 아닙니다. 하급 배아로 판정되면 착상률이 다소 떨어지기는 하지만 일단 착상에 성공하고 임신이 시작되면, 이후의 과정(자연 유산 비율, 태아 발달 정도, 기형 발생 비율 등)에는 다른 배아들과 별다른 차이는 없는 것으로 알려져 있습니다. 즉 하급 배아라 하더라도 초기 발달 정도가 다소 느렸던 것일 뿐, 이상이 있는 건 아니라는 거죠. 그러니 '상급/중급/하급'이라는 단어 대신, '조기 성장 배아/일반 성장 배아/후성장 배아' 혹은 '빠른 배아/보통 배아/느린 배아' 등으로 바꿔 부르는 게 어떤지 제안하고 싶습니다.

어쨌든 배아들은 가느다란 관을 통해 제 몸속으로 다시 돌아왔습니다. 제 몸을 떠난 지 5년 1개월 6일 만의 만남이었죠. 이미 월경 시작 다음 날부터 여성 호르몬인 에스트로겐이 든 프로기노바(Progynova)를 꾸준히 복용했기에 자궁 내막은 충분히 부풀어 있었고, 이제부터는 착상을 돕고 임신을 유지시켜 주는 황체 호르몬인 프로게스테론도 꾸준히 투여받을 것이니, 배아들을 위한 폭신폭신한 보금자리는 만들어져 있을 테고 이제 남은 과정은 겨우 0.5밀리미터에 불과한 이 작은 배아들에 달려 있습니다.

힘내렴, 작은 아가야.

6.
입덧

한때 육아를 다룬 텔레비전 프로그램에서 탤런트 송종국 씨의 삼둥이가 나오는 에피소드를 꼬박꼬박 챙겨 보았습니다. 마침 삼둥이들이 우리집 쌍둥이들과 같은 해 태어났는지라, 너무나도 동질감이 들었거든요. 특히나 삼단 분리되어 서로 다른 방향으로 뛰어가는 아이들의 모습과, 그런 아이들이 다치지 않을까 걱정하며 이리 뛰고 저리 뛰는 아빠의 모습이 저의 모습과 너무 오버랩이 되어서 함께 울고 웃으며 보았답니다.

　제게 쌍둥이 아이들이 있다는 것을 처음 알게 된 이들은 크게 두 가지 반응을 보입니다. 먼저 "어머나, 쌍둥이라니! 너무 귀엽겠어요. 쌍둥이는 제 로망이에요. 한 번에 둘을 얻으니 이득이잖아요!"라며 해맑게 웃거나, 약 3초간의 정적 후에 "쌍둥이라니……, 고생 많이 하셨겠네요."라며 안쓰러운 눈길로 바라보는 거죠. 대개 젊거나 미혼이거나 아이를 낳아 직접 길러 본 적이 없는 분들은 전자의 반응을 보이는 경우가 많은 반면, 후자의 눈길을 보내는 분들은 십중팔구 아이가 있고 직접 육아를 담당해 본 경험이 있는 분들입니다.

아기란 애초에 존재 자체로 작고 귀엽고 예쁜데 그런 아기가 둘이나 있다면, 그리고 그 둘이 똑 닮았거나 비슷하다면 그 귀여움은 배가되곤 합니다. 저도 쌍둥이가 아기였던 시절, 앙증맞은 옷을 맞춰 입히고 사진 찍는 것을 즐기곤 했죠. 귀여운 아기가 둘이면 귀여움은 '2배+α'니까요. 하지만 쌍둥이를 임신한다는 것은 마트의 1+1 상품처럼 그저 아이 하나 에 다른 아이 하나를 더하는 것이 아닙니다. 1인용 의자에 2명이 앉아도 편치 못한 마당에, 아이 하나만 들어와도 좁은 뱃속에 둘이나 깃든다는 것은, 임신의 전 과정의 난이도를 2배가 아니라 '2의 2제곱 배'로 올려 버 리거든요. 저는 운 좋게도 그 수많은 허들을 무사히 넘어 만삭을 채우고 아이들 둘을 모두 건강하게 얻었지만, 그 과정이 결코 순탄하지만은 않았 습니다.

쌍둥이를 가지고 처음 찾아온 복병은 입덧이었습니다. 첫 아이 때 는 입덧이 거의 없어서 입덧의 괴로움은 크게 느끼지 못했습니다. 하지만 쌍둥이 임신은 거의 심한 입덧으로 임신 초기부터 매우 괴로웠던 기억이 납니다. 입덧은 임신부의 50~80퍼센트가 겪는 임신의 대표적인 증상 중 하나로, 주로 메슥거림, 식성 변화, 구토 등을 동반합니다.[1] 대개는 임신 초 기에 시작되었다가 임신 3~4개월에 정점을 찍고 6개월이면 대부분 사라 진다고 알려져 있지만, 1~2퍼센트의 임신부는 임신 기간 내내 입덧에 시 달립니다. 또한 대부분의 입덧은 모체와 태아의 건강에 별다른 악영향을 미치지 않는다고 하여, 옛 어른들은 "입덧하다가 죽은 임신부는 없다."라 고 하지만 약 1퍼센트는 임신 오조(姙娠惡阻, hyperemesis gravidarum)라고 불리는 치료가 필요한 병적 증상이나 합병증을 동반하기도 합니다. 임신한 여성 대부분이 겪는 불편함이고 때로는 위험할 수도 있는 증상이지만 오래도록 그 심각성이 간과돼 온 게 입덧이기도 합니다.

입덧이 이토록 오랫동안 여성들을 괴롭혔던 것은 입덧의 원인과 발생 이유와 증상이 명확하지 않다는 것과도 연관이 있습니다. 기존의 연구 결과, 인간 융모성 성선 자극 호르몬(hCG)과 갑상샘 호르몬 등 호르몬 농도 변화로 인한 체내 조절 시스템의 불안정, 유전(심한 입덧을 겪은 임신부의 딸은 심한 입덧을 겪을 가능성이 그렇지 않은 임신부보다 3배 이상 높아진다는 보고가 있습니다.), 질병 여부(헬리코박터 파이로리 균에 감염된 경우에도 입덧이 심해집니다.), 심리 상태 등이 입덧에 영향을 주는 요인이며, 임신부가 젊고 저체중이고 딸을 임신하고 있으며 초산이거나 하면 더 심해지는 경향이 있다고 알려져 있습니다.

하지만 이게 누구에게나 공식처럼 통용되지는 않습니다. 앞의 경우에 모두 해당하더라도 큰 어려움 없이 넘어가는 이들이 있는가 하면 유전력이 없고, 아들을 임신한 경우에도 심한 입덧에 시달리는 사람도 있습니다. 게다가 증상도 천차만별이어서 누구는 그저 속이 메슥거리고 입맛이 별로 없는 정도에 그치는 반면, 맛과 냄새에 매우 예민해져 퇴근하고 돌아온 남편이 뭘 먹고 왔는지 냄새만으로도 알거나 맛만 보고도 생수 브랜드를 감별하는 이들이 있는가 하면, 평소에는 즐기지 않던 음식이 갑자기 미친 듯이 먹고 싶어지거나, 먹고 돌아서면 또 배가 고파 계속해서 음식을 달고 살기도 하고, 음식 냄새만 맡아도 구토가 지속되어 몸무게가 10여 킬로그램이나 빠지고 하도 구토를 해서 입 주변이 다 허는 경우도 있습니다. 누구나 겪는 증상이지만 누구도 같은 증상을 보이지 않으니 대응하기가 매우 어려울 수밖에 없습니다.

저는 임신을 두 번 했는데 입덧의 양상은 전혀 달랐습니다. 첫째의 경우에는 그저 소화가 안 되는 정도로 메슥거려 입맛이 떨어졌다는 정도였지만, 두 번째는 미친 듯이 속이 울렁거리고 구역질이 나며, 음식을 먹고 토하는 일도 잦았습니다. 이처럼 제가 두 번째 임신에서 심한 입덧을 겪었던 것은 호르몬의 불균형 때문일 가능성이 커 보입니다.

인간 융모성 성선 자극 호르몬, 즉 hCG 호르몬은 임신 여부를 알려주는 임신 진단 테스트기의 재료로 잘 알려져 있습니다. hCG 호르몬을 가장 많이 배출하는 세포가 태아의 태반을 구성하는 영양막 세포이기 때문입니다. 임신 3~4주가 되면 요 쌀알만큼도 안 되는 세포 덩어리가 분비하는 hCG가 모체의 혈액이나 소변으로 검출되기 시작합니다. 이후 태아는 2~3일을 주기로 hCG의 농도를 2배씩 올려서 배출하다가 임신 10주경에 최고조를 찍고는 서서히 줄어들어 임신 20주가 되면 안정적인 농도를 유지하게 됩니다. 입덧의 시작 시기와 최고조기, 안정기가 hCG의 농도 변화와 맞아떨어지기 때문에 hCG는 입덧을 일으키는 주요 대상으로 지목되곤 합니다.

그런데 쌍둥이를 볼까요? 태반은 엄마가 만드는 것이 아니라 아기가 만드는 것이니, 아기가 둘이면 태반도 둘이 되고, 결국 태반에서 분비되는 hCG의 농도 역시 2배 혹은 그 이상이 되기 마련입니다. 그래서 막연히 쌍둥이 임신 시 입덧이 단태아 때보다 심했던 것이라고 생각했습니다. 하지만 그 후 자료를 더 찾아보니 hCG가 구체적으로 어떤 과정을 통해 입덧을 유발하는지에 대해서는 정확한 설명을 찾을 수가 없었습니다.

애초에 hCG의 역할을 보면, 오히려 hCG는 입덧을 일으키는 것을 오히려 막아야 할 것으로 보입니다. hCG는 임신 내내 태아의 생존에 유리하도록 자궁 내 환경을 유지하는 역할을 합니다. hCG는 난포가 변화되어 만들어지는 황체가 퇴화되는 것을 막아 임신을 유지해 주는 호르몬인 프로게스테론이 계속 분비되도록 하고, 엄마의 면역 체계를 억제해 태반이 이물질로 공격받지 않도록 스스로를 지켜 내며, 태아의 성장을 돕는 물질들을 태아를 둘러싸고 있는 영양막(trophoblast) 내부로 유입시켜 태아의 성장을 돕기도 합니다. 또한 모체의 갑상샘을 자극해 갑상샘 호르몬을 더 많이 분비하기도 합니다. 갑상샘 호르몬은 인체의 모든 세포에 작용하는 일종의 부스터(booster, 보조 추진 장치) 호르몬으로, 기초 대사율을 높여 탄수화물, 지방, 단백질의 대사를 촉진합니다. 엄마의 몸에 저장된 이런 영양소의 대사 속도가 빨라질수록 혈액 속에 흐르는 양분이 많아지므로, 이 역시 태아의 성장을 촉진하는 효과가 있을 수 있으니까요.

태반은 전적으로 태아를 위하는 기관입니다. 그래서 역시 임신 5주부터 36주까지 태반에서 분비되는 호르몬인 인간 태반 젖샘 자극 호르몬(human placental lactogen, hPL)은 지방을 분해해 혈중 유리 지방산을 증가시키고, 혈당을 낮추는 호르몬인 인슐린에 저항해 혈당을 높입니다. 또한 대표적 여성 호르몬인 에스트로겐 역시 임신 전에는 주로 난소에서 생성되지만, 임신 중에는 태반에서 생성되어 혈관을 더 탄력 있게 확장시켜 자궁으로 유입되는 혈류를 증진시키는 작용을 합니다. 다시 말해, 임신 기간 내내 분비되는 태반 호르몬은 엄마의 몸에 있는 자원들을 가능한 한 끌어다가 태아에게 몰아 주는 역할을 하는 것을 알 수 있습니다.

그러니 이렇게 hCG가 태아의 성장을 위해 특화된 호르몬이라면, 엄마가 입덧을 하지 않고 음식을 마음껏 섭취하게 하는 것이 생존에 더

임신 주수에 따른 hCG 농도.[2]

임신 주수(주)	hCG 농도(mIU/mL)
3~4	5~428
5~6	18~56,000
7~8	7,650~229,000
9~12	25,700~288,000
13~16	12,200~254,000
17~24	4,060~165,400
25~	3,640~117,000

유리하지 않을까요? 하지만 이상하게도 체내의 hCG의 농도가 높아질수록 입덧의 강도가 높아지는 일종의 비례 현상이 일어납니다. 이런 현상에 대해서는 태아의 신체 분화가 활발하게 이루어짐으로써 아주 사소한 문제도 태아에게 치명적일 수 있는 시기에 해로울 수도 있는 물질이 체내에 유입되는 것을 막아 태아를 지키기 위한 자구책이 아니었을까 하는 추측이 있기도 합니다. 태아를 보호하기 위한 예방적 신체 작용이라는 거죠. 즉 입덧이 최고조에 이르는 시기는, 태아의 신체 부위가 분화되어 형성되는 시기로 이 시기 태아는 아직 매우 작아서 임신부가 잘 먹지 못하더라도 기존에 모체에 저장된 물질만으로도 충분히 성장이 가능하지만, 이와는 별개로 신체의 기관들이 분화되는 중요한 시기로 아주 조그마한 잘못된 신호만으로도 심각한 발달상의 문제가 일어날 가능성이 큽니다.

일례로 20세기 중반, 전 세계 46개국에서 1만 명 이상의 아이들에게 선천적 장애를 일으키는 엄청난 비극을 촉발했던 약물인 탈리도마이드는, 복용량보다는 복용 시점이 훨씬 더 큰 영향을 미친 것으로 알려져 있습니다. 탈리도마이드가 특히나 태아에게 해로운 시기는 수정 후 20일과 36일 사이, 흔히 생리 주기를 기준으로 따지는 임신 주수의 경우 임신 5주와 8주 사이입니다. 이 시기에는 탈리도마이드 50밀리그램 단 1알만으로도 태아에게 돌이킬 수 없는 손상을 입힐 수 있었습니다만, 임신 12주 이후에 처음 노출되는 경우 겉으로 드러나는 뚜렷한 증상은 없었다고 합니다.[3] 즉 이 시기에는 음식을 조금 덜 먹어 생기는 손해보다 자칫 잘못된 것을 먹어 생길 수 있는 손해가 훨씬 더 크기에 오히려 입덧을 통해 먹는 것에 까다롭게 구는 게 나을 수도 있다는 것입니다. 그래서인지 임신 초기에 입덧이 심한 산모일수록 자연 유산의 확률이 낮다는 보고도 있습니다.[4]

하지만 hCG가 입덧과 상관 관계가 있다고 hCG가 입덧의 원인이라는 인과 관계의 설명이 가능해지는 건 아닙니다. 게다가 임신 초기 입덧이 시작되는 시기의 hCG 농도는 임신 20주 이후 hCG 농도가 안정기로 들어선 시기 이후와 별다른 차이가 없거나, 혹은 임신 후기가 더 높기도 합니다. 이는 일부 임신부들이 출산 때까지 입덧을 하는 이유를 설명할 수 있지만, 더 많은 비율의 임신부들이 겪는 임신 중후반기 입덧 소실과는 맞지 않는 패턴입니다. 도대체 왜?

우리 몸이 왜 이렇게 만들어졌는가 하는 질문에 대한 정답은 늘 하나뿐입니다. 진화죠. 우연하게도 그런 유전적 변이를 가지고 있던 개체가 주변 환경에 좀 더 잘 적응해 살아남았고, 그 변이들이 오랜 세월 거쳐 자연의 손에 의해 선택된 것입니다. 태반에서 hCG를 비롯하여 태아의 성장에 도움이 되는 각종 호르몬을 분비하는 것도, 이 시기에 임신부가 입덧에 시달리는 것도, 그런 변이가 그 변이를 지닌 개체의 생존에 조금 더 유리했기에 그 개체가 살아남아 후손을 남겼고, 우리는 그들의 후손이기 때문이죠.

자연에는 손만 있고 눈은 없습니다. 하지만 우리에겐 손과 눈이 모두 다 있습니다. 자연이 맹목적으로 선택한 것도, 우리는 두 눈 크게 뜨고 무슨 일인지 정확히 밝혀낼 수 있습니다. 그리고 그것이 삶의 질을 떨어뜨리는 것이라면 적절한 대응을 할 수 있습니다. 그것이야말로 진짜로 '인간다운' 대처법이 될 겁니다.

7.
자궁 내막증

어린 시절, 지방으로 발령받은 아버지를 따라 처음으로 서울을 벗어나 통영 바닷가 근처에 살게 되었습니다. 원래 보던 풍경과 너무 달랐지만, 그만큼 예뻤기에 그곳이 낯선 곳이라는 생각조차 못 한 채 며칠을 보냈습니다. 그곳이 낯선 곳이고 저는 그곳의 이방인이라고 느끼게 된 결정적인 계기는 새로운 학교로 전학 간 첫날 찾아왔습니다. 한 학년에 한 반밖에 없는 작은 시골 학교라 전교생이 서로를 거의 다 알고 있는 그곳에 뚝 떨어진 저는 확실히 이질적인 존재였습니다. 아이들은 쉬는 시간마다 다가와 끊임없이 말을 붙였습니다. 하지만 저는 그 아이들의 말을 절반도 제대로 알아듣지 못했습니다. 태어나서 처음으로 들은 경상도 사투리는 너무나 낯설었습니다. 익숙했던 것보다 훨씬 크고 높고 억센 말투는 제게 싸움을 거는 게 아닐까 하는 생각이 들 정도였습니다. 당황했습니다. 조금 무섭기도 했고요. 원래 살던 곳으로 다시 가고 싶다는 생각을 처음 했습니다.

내일도 학교 올 수 있을까? 과연 이곳에 적응할 수 있을까?

원래 살던 익숙한 곳을 떠나 낯선 곳에 정착해 살아간다는 것은 쉬운 일이 아닙니다. 그것은 우리 몸의 세포도 마찬가지입니다. 사람은 그저 새로운 환경과 사람들에 익숙해지고 적응하는 시간이 필요할 뿐이지만, 세포에게 전혀 다른 일이 벌어집니다. 우리 몸의 세포들은 모두 하나의 수정란과 그로부터 유래된 소수의 줄기 세포로부터 시작된, 동일한 유전적 기원을 갖춘 세포들이지만 발생이 진행되는 과정에서 점차 분화해 가면서 완전히 다른 형태와 기능과 수명을 지닌 세포들로 나뉩니다.

일례로 적혈구와 신경 세포를 볼까요? 적혈구는 가운데가 눌린 원반 모양으로 그 오목한 부위에 산소를 담아 운반합니다. 수명은 4개월 정도이며, 골수에서 만들어져 비장에서 파괴되는 과정을 계속합니다. 그에 비해 신경 세포는 몸통을 중심으로 하나의 긴 줄기와 여러 갈래의 작은 잔뿌리들로 이루어져 있으며, 각각의 부속지들은 다른 세포들과 연결되어 신호를 주고받는 역할을 합니다. 특히나 중추 신경계를 구성하는 신경 세포는 일단 안정적으로 자리 잡은 뒤에는 평생 분열하지 않으며 죽어도 새로 보충되지 않습니다. 이렇게 우리 몸을 구성하는 200여 종의 서로 다른 세포들은 도저히 하나의 기원에서 갈라져 나왔다고는 생각하지 못할 만큼 서로 다릅니다.

하나의 유전 정보를 가진 세포들이 서로 이렇게 다른 것은 각각의 세포들이 전체 유전체 속에 든 정보 중에 자신들이 필요한 부분만을 골라서 발현시키고 나머지는 꽁꽁 숨겨 두기 때문입니다. 이런 분화 과정을 거친 세포들은 각자의 개성이 뚜렷하므로, 혈구 세포처럼 애초부터 돌아다니는 세포를 제외하고는, 신체의 다른 부위로 이동하지도 않고 다른 곳에서 자리 잡지도 않습니다. 아니, 애초에 자리 잡지 못합니다. 일단 세포들은 대부분 자신이 원래 있던 자리에 고정되어 있기 때문에 다른 곳으로 움직이기도 어려울뿐더러, 주변의 다른 세포들과 신호를 주고받으며 존재하기에 주변에서 감지되는 신호가 달라지면 스스로 사멸하기도 합니다. 또한 면역 세포들이 끊임없이 감시하며 잘못된 자리에 존재하는 세포들을 찾아내 제거하기도 합니다.

이런 세포의 자리 지킴은 개체의 항상성 유지에 매우 중요한 역할을 합니다. 머리카락을 만드는 모근 세포가 돌아다니다가 뇌 속에서 자라난다든가, 빛을 감지하는 망막 세포가 피부에서 발현한다든가 하면, 개체는 생활이 엉망진창 될 뿐만 아니라, 애초에 생명을 유지하는 것 자체도 어려워질 테니까요. 그래서 대개의 세포들은 자신이 태어난 곳에 우직하게 버티며 묵묵히 자기 일을 수행합니다. 하지만 생물은 반드시라고 해도 좋을 만큼 예외를 만드는 존재라서, 때로는 원래 있던 자리에서 벗어나 다른 곳으로 가서 자리를 잡을 수 있는 세포도 존재합니다. 바로 자궁 내막 세포가 그렇습니다.

기사를 검색하다가 우연히 월경 때마다 가슴 통증과 호흡 곤란에 시달리던 여성의 사례를 접하게 되었습니다.[1] 이 여성은 주기적으로 반복되는 기흉(氣胸) 증상에 시달리다가 정밀 검진 결과 월경성 기흉 진단을 받게 됩니다. 기흉은 허파에 생긴 구멍으로 공기가 새면서 가슴막안(늑막강 또는 흉막강) 안에 공기가 차는 질환입니다. 내인적 요인으로 생기기도 하고, 외상을 입어 다량의 허파꽈리(폐포)가 터지면서 생기기도 합니다. 가슴막안 안에 쌓이는 공기의 양이 늘어날수록 허파가 눌려 제 기능을 하지 못하므로, 환자는 찌르는 듯한 흉통과 호흡 곤란을 느끼며, 심한 경우 허파가 눌리면서 심장까지 영향을 미쳐 응급 상황이 발생할 수도 있습니다. 치료는 흉관을 삽입해 가슴막안 안의 공기를 배출시켜 다시 허파가 부풀어 오르도록 하는 겁니다. 그래서 종종 영화나 드라마에서 급박한 상황을 연출하기 위해 기흉 환자를 등장시키곤 합니다. 가뜩이나 숨을 못 쉬는 환자의 갈비뼈 사이에 일부러 구멍을 뚫어야 한다는 설정이 긴박함을 불러일으킬 뿐 아니라, 이렇게 공기를 빼 주면 다시 허파가 부풀어 오르면서 조금 전까지는 막 숨이 넘어가던 환자가 금새 다시 생기를 찾곤 하니 매우 극적이기도 하죠.

월경성 기흉이란 원래는 자궁 안쪽에만 존재해야 하는 자궁 내막 세포가 가로막(횡격막)을 지나 가슴우리(흉강)까지 올라가 허파에 달라붙어 생기는 질환입니다. 앞에서 이야기했듯이 자궁 내막 세포는 여성의 배란 주기에 반응하여 배란기 이후 계속해서 부풀어 올랐다가 임신 신호가 감지되지 않으면 파괴되어 떨어지고, 다시 다음 배란 신호에 반응해서 부풀어 오르는 일을 반복합니다. 이 호르몬 신호에 대한 반응은 매우 강력해서 자궁 내막 세포는 자신이 어디에 있든 상관없이 이 일을 반복합니다. 그러니 월경 주기에 따라 허파 조직에 달라붙었던 자궁 내막 세포가 부풀어 올랐다가 탈락되는 과정에서 각혈을 하거나, 허파 조직에 손상이 생겨 기흉이 발생하는 일이 주기적으로 반복될 수 있습니다.[2]

그런데 이상합니다. 자궁은 둥근 주머니 형태이며, 연결된 통로인 질은 몸 밖으로 통할 뿐, 배안(복강) 내부로 열려 있지 않은데 어떻게 해서 자궁 내막에 존재해야 하는 세포들이 몸 밖으로 떨어져 나와 이리저리 옮겨 다닐 수 있는 것일까요? 그 비밀은 난관에 있습니다. 자궁에서 뻗어 나와 난자를 받아들이는 난관은 난소에 붙어 있는 것처럼 보이지만, 실제로는 난소 근처까지만 뻗어 있을 뿐, 달라붙어 있지는 않습니다. 그럴 수밖에 없는 것이 매번의 배란 주기마다 달걀만 한 난소에 있는 미성숙 난포 중 어떤 게 배란 신호를 받아들여 성숙한 난자가 되어 배출될지 알 수가 없기 때문입니다.

난관의 길이는 매우 가늘기에 난관이 난소에 붙어 있다면 난관 반대편 난소 표면에서 배출된 난자들은 난소 표면을 따라 난관과 연결된 쪽으로 이동해야 난관을 타고 자궁으로 갈 수 있습니다. 하지만 난자들은 스스로 이동하기가 어렵습니다. 따라서 난관은 난소와는 떨어진 상태로 늘 근처에서 대기하다가 배란이 가까워지면 부풀어 오른 난포 쪽으로 이동해 배출되는 난자를 마치 진공 청소기처럼 흡입해서 자궁 쪽으로 빨아들입니다. 이렇게 난소 표면을 이리저리 훑으면서 난자를 빨아들여야 하기에 난관은 난소에 고정되어 붙어 있을 수 없는 겁니다. 이런 분리형 구조는 난관이 난자를 정확히 빨아들이기 위해서는 꼭 필요한 구조이지만, 이 과정에서 종종 거꾸로 자궁 내막에서 떨어져 나온 세포들이 난관 쪽으로 밀려 나갔다가 난관과 난소 사이의 공간을 통해 배안으로 유출되는 의도치 않은 결과를 가져오곤 합니다.

자궁벽에서 떨어진 자궁 내막 세포들은 바로 죽지 않습니다. 월경혈을 관찰한 결과, 그 속에서 아직 생명 반응을 보이는 세포들이 관찰되었다는 보고가 있습니다. 그래도 상관없습니다. 몸 밖으로 나온 이상 그들의 운명은 더 이상 길게 이어지진 못할 테니까요. 하지만 난관을 거슬러 배안 쪽으로 나와 버린 세포의 운명은 조금 달라집니다. 이들은 근처의 조직에 달라붙어 여전히 생명 활동을 이어 갈 수 있거든요. 자궁을 나온 내막 세포가 주로 달라붙는 조직은 아무래도 난관 바로 옆에 있는 난

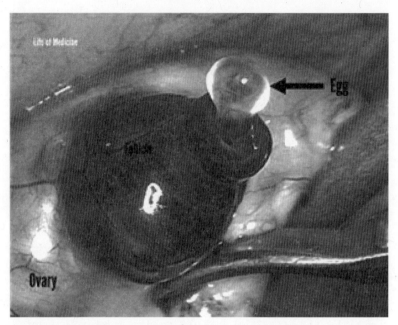

사람의 배란 순간, 난소 표면에서 호르몬 신호를 받아 난포가 부풀어 오르고 그 안에서 성숙한 난자가
배출되는 순간이 배란이다.

소나 자궁을 붙잡고 있는 인대, 큰창자 등의 근처 조직입니다. 하지만 드
물게는 이들이 가슴과 배를 내부에서 구분해 주는 가로막 사이에 난 작
은 틈을 지나 가슴안으로 올라가 허파에 달라붙거나 위장, 신경계, 심지
어는 코의 점막까지도 거슬러 올라가기도 합니다.[3]

어쩔 수 없는 해부학적 구조 때문에 자궁 내막 세포가 떨어져 나온
다 하더라도 다른 곳에 붙지 않으면 문제가 없고, 다른 곳에 안착한다고
하더라도 면역 반응을 통해 제거되면 문제가 없을 겁니다. 하지만 자궁
내막 세포는 애초에 유전학적 특성이 절반이나 다른 태아조차도 받아들

여 이들을 지지하며 존재하는 세포입니다. 다시 말해 상대가 누구든 그다지 가리지 않고 잘 달라 붙고 잘 자라난다는 뜻입니다. 그러니 자궁 밖으로 배출된 자궁 내막 세포는 최종적으로 도달하는 곳이 어디든 그 곳에 달라붙어 자라날 수 있습니다.

심지어 이들은 정체성도 너무나 뚜렷합니다. 자궁 내막 세포는 자신이 달라붙어 있는 조직이 어디인지 상관없이 배란 주기의 호르몬 신호에만 반응해 증식했다가 떨어져 나가고 다시 증식하는 과정을 반복합니다. 그러다 보니 자궁 내막 세포가 붙어 있는 곳은 월경 주기에 따라서 부풀었다가 떨어져 나가고 다시 부풀어 오르는 과정이 반복됩니다. 다시 말해 자궁 내막 세포가 자리 잡은 조직에서는 주기적으로 상처가 생겼다가 다시 회복되는 현상이 반복된다는 거죠. 이처럼 자궁 내막 세포가 원래 자리가 아닌 다른 곳으로 옮겨 가 정착되면서 일으키는 여러가지 증상들을 자궁 내막증이라고 합니다.

이 과정이 반복되면 상처를 치료하기 위해 웃자란 조직들이 엉켜 유착을 일으키게 됩니다. 자궁 내막증이 동반하는 이상 증상 중 대표적인 것이 심한 생리통과 난임입니다. 유출된 자궁 내막 세포가 자궁을 붙잡고 있는 주변 인대와 골반 조직에 달라붙어 유착되면 월경 시 통증이 심해질 수 있고, 난소 혹은 난관에 달라붙어 자라나게 되면 배란과 난자의 이동을 방해해 난임이 될 가능성이 큽니다. 드물게 소화 기관에 달라붙으면 장의 유착이나 폐색, 천공을 유발할 수 있고, 허파에 달라붙으면 월경성 기흉을 일으킬 수도 있는 거죠.

자궁 내막증은 원활한 난자 수집을 위한 해부학적 구조와 장소를 옮겨도 끈질기게 자라는 자궁 내막 세포의 특성이 우연히 맞아떨어져 일어난 질환입니다. 하지만 난임과 연결되지 않는 경우라면, 발견도 진단도 매우 늦어 이상이 한참이나 진행된 이후에 발견되곤 합니다. 사실 자궁 내막증은 월경 주기에 반응해 주로 증상이 심해지기에 조금만 주의해 관찰하면 그 주기성을 알아차리기 어렵지 않은데도 말이죠.

그래서 수년간 반복된 기흉으로 고생했으나, 전문적인 진단이 늦어져 근본적인 치료를 받지 못했던 여성의 이야기는 더욱 안타깝게 다가옵니다. 우리는 타고난 해부학적 구조를 바꿀 수도, 세포의 본원적 특성을 바꿀 수도 없습니다. 하지만 몸이 주기적으로 이야기하는 주기적인 신호를 읽어 낼 수는 있습니다. 그 작은 신호에 좀 더 귀를 기울여 주는 이들이 늘어나길 바랍니다.

8.
자궁 내막
자극술

아기를 간절히 기다리는 난임 카페를 들어가 보면, 자주 발견되는 문구가 있습니다. 바로 "수정은 인간의 일이나, 착상은 하늘의 일"입니다. 흔히 시험관 시술로 불리는 보조 생식술은 원래는 몸 안에서 이루어지는 수정란 형성과 초기 배아 발생의 과정을 몸 밖, 즉 실험실의 시험관에서 직접 유도하는 과정입니다. 이 시술을 위해서는 먼저 생식 세포인 정자와 난자가 필요하죠. 이들의 형성에 별문제가 없다면 채취만 하면 되지만, 아니라면 배란 유도제를 이용해 인위적으로 난소를 자극해 난자를 배란시키거나 부고환에서 직접 정자를 추출하거나 고환 조직을 일부 절제해 정자를 찾아내는 방법이 동원되기도 합니다.

이렇게 채취된 생식 세포는 적절한 배양액이 담긴 시험관 내에서 만남을 가집니다. 보통 수정의 과정은 난자의 난막을 정자가 뚫고 들어가 두 세포의 핵이 결합하며 이루어지지만, 이 과정이 자연스럽게 이루어지

73

지 않으면 난막에 인위적으로 구멍을 내고 정자를 붙잡아 넣어 주는 정자 직접 주입법을 이용해야 합니다. 이렇게 수정란을 만들어 내는 과정까지는 인위적인 개입이나 적극적이고 다양한 의학적 처지를 동원할 수 있습니다. 조기 폐경으로 진단받은 여성의 난소를 대량의 호르몬으로 자극해 난자를 만들어 내거나 무정자증으로 진단받은 남성의 고환 조직을 뒤져 미분화된 정자를 찾아내 이를 분화시키기도 합니다.[1]

하지만 이 모든 과정을 무사히 통과해 수정란을 만들었다고 하더라도, 아직 임신은 아닙니다. 의학적으로 임신은 여성의 자궁 내막에 배아가 착상한 순간부터이기 때문에 진짜 임신은 이 배아가 자궁 내막에 달라붙어야 시작됩니다. 하지만 이 과정에는 현재로서는 적극적인 개입이 불가능합니다. 현재의 배아 이식은 가느다란 관으로 여성의 자궁 내부에 배아를 직접 넣어 주는 것으로 끝납니다. 나머지는 배아 스스로가 자기 힘으로 자궁 내막에 달라붙어 엄마의 혈관계에서 자신에게 필요한 물질을 추출해야 합니다. 이렇게 자궁 내로 주입된 배아가 성공적으로 착상해 임신으로 이어지는 확률은 30퍼센트 남짓입니다. 지난 수십 년간, 수많은 연구에도 불구하고 이 확률은 크게 높아지지 않았습니다. 맘 같아서는 절대로 떨어지지 못하도록 배아를 자궁 내막에 붙여 버리고 싶지만, 세포 덩어리 몇 개에 불과한 배아를 자궁 내막에 꿰매거나 붙일 수는 없기 때문에 오늘도 수많은 난임 여성들은 자궁 속에 넣은 배아가 스스로의 힘으로 무사히 착상할 수 있기를 간절한 마음으로 기도하고 있습니다.

시험관 시술을 통해 임신을 준비하는 과정에서 난소에 물이 차고 난소 과자극 증후군으로 복수가 차오르는 등 수많은 부작용을 겪던 중에 의사가 새로운 제안을 했습니다. 자궁 내막 자극술(endometrial scratching)이라는 당시로서는 새로웠던 시술을 해 보자고 한 겁니다.

자궁벽은 약 2센티미터 두께인데, 가장 바깥쪽의 장막 아래 두꺼운 자궁 근육층이 존재하고, 가장 안쪽에는 부드러운 점막으로 이루어진 자궁 내막이 존재합니다. 자궁 내막은 수정란이 달라붙어 착상하는 곳으로, 장차 태아가 어느 곳에 달라붙어도 충분히 필요한 물질을 공급할 수 있도록 전체적으로 혈관이 매우 많이 분포되어 있습니다. 가임기의 여성은 월경 주기에 따라 배란이 이루어지면 호르몬의 자극으로 인해 자궁 내막이 평소보다 부풀어 오릅니다. 월경이란, 임신이 이루어지지 않은 경우 미리 준비해 놓았던 자궁 내막 조직을 녹여서 떨어뜨려 몸 밖으로 배출하는 과정입니다. 그래야 다음 임신을 대비해 새로운 자궁 내막을 발달시킬 수 있으니까요. 자궁 내막에는 혈관이 매우 많고 혈액 공급량도 많기 때문에 이것이 떨어져 나오는 과정에서는 당연히 혈액이 많이 섞이게 됩니다. 하지만 월경 분비물이 혈액으로만 이루어진 것은 아닙니다. 간혹 자궁 내막이 평소보다 더 많이 부풀어 오른 경우, 조직이 충분히 녹지 못하고 배출되어서 뭉글뭉글한 핏덩어리 같은 것이 같이 나오기도 합니다. 하지만 애초에 월경 분비물 자체가 점막 조직이 녹아서 배출되는 것이므로 크게 걱정할 일은 아니라고 합니다.

다시 자궁 내막 자극술로 돌아와 볼까요? 1990년대부터 시험관 아기 시술을 하던 의사들은 자궁 내막의 두께가 임신율과 연관성이 있다고 보고합니다.[2] 보통 자궁 내막의 두께는 월경 주기에 따라 일정하게 변하는데, 생리 직후에는 1~3밀리미터로 가장 얇아졌다가 배란기 이후에는 8~14밀리미터로 두꺼워집니다. 제가 시술을 받을 당시 한 국내 난임 병원의 보고에 따르면, 내막 두께가 6~7밀리미터인 경우 임신율은 10.7퍼센트에 불과했지만, 7~10밀리미터인 경우 21.2퍼센트, 10~15밀리미터인 경우 27.8퍼센트로 자궁 내막 두께가 두꺼울수록 임신율이 높아졌고, 6밀리미터 이하인 경우에는 거의 임신 사례가 없다는 보고가 있었습니다.[3]

자궁 내막이 두꺼울수록 임신율이 높았다는 분석 결과는 자연스럽게 '인위적으로 자궁 내막의 두께를 늘릴 수 있다면 임신율이 증가하지 않을까?'라는 생각으로 이어집니다. 그래서 등장한 것이 자궁 내막 자극술입니다. 자궁 내막 자극술은 월경이 끝나 갈 무렵, 그러니까 이전의 자궁 내막 조직이 모두 탈락하고 새로운 자궁 내막이 자라나기 시작할 시점에 자궁 안에 가느다란 기구를 넣어 자궁 내막을 인위적으로 긁어 상처를 내는 겁니다. 피부는 자연적으로도 재생과 탈락이 반복되지만, 상처가 나는 경우 이 부위를 메우기 위해서 세포의 재생이 활발해집니다. 때로는 이것이 과다해 상처가 난 곳이 오히려 원래 피부보다 부풀어 올라 볼록한 흉터를 남기기도 하죠. 자궁 내막 자극술은 이 원리를 이용한 겁니다. 인위적으로 자궁 내막을 긁어 심하지 않은 생채기를 내어 내막이 더 두껍게 자라도록 유도하는 것이죠.

급작스러운 제안이라 시술을 망설이던 제게 의사는 매트리스가 푹신하면 더 쉽게 몸을 포근하게 감싸는 것처럼 자궁 내막이 두꺼우면 임신율이 "월등히" 높아질 수 있다면서 그날 바로 하고 갈 것을 권했습니다. 난임 병원에서 시술을 받는 이들에게는 그게 무엇이든 임신에 도움이 된다고 하면 동아줄처럼 느껴집니다. 게다가 아주 쉽고 간단하며 별로 아프지도 않다고 하면 더 그렇죠.

실제로 시술에 걸리는 시간은 몇 분 이내로 길지 않았습니다. 애초에 임신 전의 자궁은 전체 길이가 7센티미터, 너비가 5센티미터 정도 되는 작은 기관이기에 그 내부를 긁어내는 데 그리 오랜 시간이 걸리지는 않을 테니까요. 하지만 통증은, 뭐라 형용할 수 없는 것이었습니다. 너무나 아팠거든요. 몸 내부에서 순식간에 뭔가가 타오르는 듯한 느낌이 들었던 것으로 기억납니다. 어찌나 놀랐던지 그날 밤 몸살을 앓았던 기억이 납니다. 다음날, 정신을 추스르고 난임 카페에 들어가 보니 저와 같은 경험을 한 이들이 많았고, 몸 상태에 따라(저는 자궁 내막 자극술을 두 번 받았는데, 두 번째는 처음만큼 아프지는 않았습니다.), 시술하는 의사에 따라 다르기도 했지만, 결론적으론 대개 아프니 시술이 있는 날에는 미리 타이레놀 같은 진통제를 먹고 가라든가, 혹은 미리 진통제를 놓아 달라고 해야 한다든가 하는 조언이 올라와 있었습니다.

하지만 그런 아픔에 공감하고 다양한 해결책을 제시하는 이들은 시술을 받은 이들이었으며, 시술을 하는 이들은 이런 종류의 아픔에 대체로 무감했습니다. 다시 말해 시술 전에 충분히 아플 수 있음을 고지하고, 시술이 가져올 부작용(자궁 내 감염 등)에 대해 충분히 알려서 동의를 구하고, 미리 진통제를 처방해 주는 등의 적극적인 태도를 보인 의료진이 많지 않았죠. 물론 통증은 개인차가 매우 크기 때문에 누군가는 별로 아프지 않을 수도 있고 누군가는 더 아플 수도 있으며 부작용이 발생할 확률이 낮을 수도 있습니다. 하지만 그 시술의 기억이 오래 남았던 것은, 아픔 그 자체보다는 아픔을 견뎌야 하는 이들을 무시하는 듯한 느낌 때문이었습니다.

사실 난임 병원을 찾는 이들에게 가장 오래 가는 상처는, 실질적인 아픔 그 자체보다는 아이를 낳기 위해서 여기까지 왔으니 이 정도 고통과 수치심은 감당해야 하는 것이 당연하며, 그 정도도 겪지 않고 어찌 부모가 되길 바라느냐는 주변의 시선과 태도에서 비롯되는 경우가 많습니다. 그런데 왜 꼭 아파야 하는 걸까요? 아파야 부모가 된다는 것은, 신이 인간의 원죄를 벌하기 위해 출산의 고통을 지웠다는 오랜 체념과 동일선상에 있는 생각입니다. 그것도 여성에게만 국한해서 형벌을 내리다니요. 현대의학은 질병을 저주나 형벌이나 운명으로 인식하는 고정 관념을 타파하면서 발전해 오지 않았던가요? 그런데 왜 유독 임신과 출산에 관련된 분야에서만 "아파야 얻을 수 있다."라는 말이 그토록 뿌리 깊게 남아 있는 걸까요? 고진감래(苦盡甘來)라는 말은 이런 때 쓰라고 있는 말이 아닐 텐데요.

결론적으로 저는 자궁 내막 자극술을 받고 임신하기는 했지만, 애초에 받지 않고 임신을 시도한 적이 없기 때문에 이 시술이 제 임신에 어떤 영향을 미쳤는지 알지 못합니다. 하지만 최근 나온 자궁 내막 자극술과 임신의 상관 관계를 분석한 메타 분석 논문들의 결과를 종합해 보면, 인위적인 내막 긁기(scratching)가 임신율 상승에 유의미한 영향을 미치지 못한다는 것이 중론입니다.[4] 다시 말해, 애초에 내막이 얇으면 임신율이 떨어지는 것은 확실하지만 그렇다고 인위적으로 내막을 두껍게 만들었다고 해서 임신율이 높아지지는 않는다는 겁니다. 그럼에도 불구하고 이 시술은 여전히 사라지지 않고 있습니다. 제가 시술을 받았을 때처럼 극적인 효과가 있는 것으로 여겨지지는 않지만, 그래도 안 하는 것보다는 낫지 않을까 하는 불확실한 기대에 근거해 시도되고 있습니다. 절박한 이들은 지푸라기라도 잡고 싶은 것이 인지상정이라지만, 그 지푸라기는 그저 손가락 사이로 흩어질 뿐인 경우가 많습니다. 간절한 이들에게 진짜로 필요한 건, 지푸라기를 자꾸 던져 주는 것이 아니라, 지푸라기를 버리고 손길을 내밀어 주는 겁니다.

그리고 제가 두 번째 자궁 내막 자극술을 덜 아팠던 것으로 기억하는 것은, 그 시술을 할 때 간호사가 제 곁에서 제 눈을 바라보면서, 시술이 끝날 때까지 지긋이 제 손을 꼭 잡아 주었던 것도 한몫했습니다. 그 손이 참 따뜻해서, 그 눈이 참 다정해서 위로받는 느낌이었으니까요.

9.
기형아 검사:
선별과 확정

"아기의 기형아 검사 결과가 높게 나왔네요. 1:25 정도입니다. 양수 검사를 하시는 것이 좋을 것 같습니다."

오래전이지만 이 말을 들었을 때의 심정, 그리고 검사 결과지에 펜으로 씌어진 "1:25"라는 숫자를 본 기억은 아마도 이보다 더 많은 시간이 흘러도 선명하게 남아 있을 거라는 예감이 듭니다. 정상 수치가 1:270인 것에 비하면, 매우 높은 확률이었으니까요.

누구나 알듯이 아기는 엄마의 몸속에서 자라다가 태어납니다. 임신했을 때, 아기가 내 몸 안에 들어 있다는 사실은 일견 안심되면서도 한편으로는 매우 불안한 일이었습니다. 내 몸 가장 깊숙한 곳에 아기가 위치하기에 세상의 그 어떤 것으로부터도 아기를 분리할 수 있으며, 아기가 한시도 나와 떨어지지 않는다는 사실이 저를 안심시켰습니다. 하지만 동시에 아기가 너무 가까이 있어 내 몸의 이상이 아기에게도 영향을 미친다는 것과, 아기가 너무 깊숙이 있어 아기에게 일어나는 변화를 직접적으로는 확인할 수 없다는 것, 이 두 가지 사실이 저를 불안하게 만들었습니다. 모체와 태아는 이보다 더 가까울 수 없을 정도로 밀착될 수밖에 없지만, 너무도 가깝기에 엄마는 아기를 눈으로 볼 수도 없고, 직접적으로 만져 볼 수도 없죠.

그래서 현대 의학은 이렇게 직접적으로 볼 수 없고, 만질 수 없는 태아의 건강과 상태를 측정할 수 있는 다양한 검사법들을 개발했습니다. 초음파를 통해 아기의 모습을 살피고, 다양한 검사를 통해 아기의 건강 상태나 병적 이상의 유무를 파악해 조치를 취할 수 있게 합니다. 그런데 때로는 이 검사가 오히려 가뜩이나 아기를 내 눈으로 확인할 수 없어 불안한 부모들을 더욱 혼란스럽게 만들기도 합니다. 현재 대한산부인과학회에 따르면 임신 주수에 따라 임신부들에게 권고하는 검사 항목들은 다음 쪽의 표와 같습니다.[1]

특히나 표지 물질 검사를 하는 시기인 임신 중기(임신 16주 전후)가 되면, 수많은 임신부가 한 번쯤은 마음을 졸이며, 인터넷 맘카페를 찾아 "우리 아이의 검사 결과가 이런데, 추가 검사를 받아야 한다는데 꼭 받아야 하나요?"라는 글들을 올리곤 합니다. 이 글 첫머리에 썼던 "1:25"라는 숫자를 들었던 제 기억의 순간도 이때와 맞물립니다. 저 역시 두 번째 임신을 시작하고 나서 15주 정도 지났을 때 이 이야기를 들었습니다. 표지 물질 검사는 흔히 '기형아 검사'로 불리기도 하니, 기형아 검사에서 이상 소견이 있다는 소리를 듣고도 마음이 편한 부모는 없으니 말입니다.

세상 모든 아기가 질병과 장애가 없이 건강하게 태어나면 좋겠지만, 세상은 늘 이 소망을 들어주지는 않습니다. 신생아에게 있어서 선천성 이

임신 주수에 따른 임신부 검사 권고 항목.

시기(임신 주수)	실시 항목
최초 방문 시	초음파, 빈혈 검사, 혈액형 검사, 풍진 항체 검사, B형 간염 검사, 에이즈 검사, 소변 검사, 자궁 경부 세포진 검사
9~13	초음파(목덜미 투명대), 융모막 융모 생검, 이중 표지 물질 검사
15~20	사중 표지 물질 검사, 양수 검사
20~24	임신 중기 초음파, 태아 심장 초음파
24~28	임신성 당뇨 선별 검사, 빈혈 검사
28	Rh-인 경우 면역 글로불린 주사
32~36	초음파 검사(태아 체중, 태반 위치, 양수량)

상의 발생 빈도는 관찰 시기나 방법, 지역, 결함의 정의 등에 따라 다소 차이가 있지만, 태어나자마자 즉각적인, 그리고 꾸준한 의료적인 처치를 요구하는 중증 신생아 이상의 발생 빈도는 2~3퍼센트로 알려져 있습니다. 그래서 이중 발생 빈도가 높고 의료적 처치가 필요한 몇몇 이상은 산전에 미리 진단해 그에 대한 대책을 미리 강구하는 방법이 권고되고 있고, 그래서 개발된 것 가운데 하나가 표지 물질 검사입니다.[2]

표지 물질 검사는 표지 물질 몇 가지를 검사하느냐에 따라 나뉘는데, 세 종류를 검사하면 삼중 표지 물질 검사(Triple test, 트리플 테스트), 네 종류를 검사하면 사중 표지 물질 검사(Quad test, 쿼드 테스트)입니다. 그렇지만 기본 원리는 동일합니다. 태아 당단백 호르몬(α-fetoprotein, AFP), 베

표지 물질 검사의 표적 질환.[3]

질환	원인	발생 빈도
다운 증후군	21번 염색체 중복	1:800
에드워드 증후군	18번 염색체 중복	1:5,000~7,000
신경관 결손	다인자 요인	1:1,000

타 인간 융모성 성선 자극 호르몬(β-hCG), 에스트리올(estriol)의 세 가지를 검사하면 트리플 테스트, 여기에 인히빈-A(inhibin-A)까지 추가하면 쿼드 테스트가 됩니다. 이 네 가지 물질의 수치는 다운 증후군, 에드워드 증후군, 신경관 결손 등의 선천성 질환을 미리 가늠할 수 있게 해 줍니다.

최근에는 정확성을 높이기 위해 임신 초기(11~13주)에 태아의 목덜미 투명대의 두께와 모체 혈액의 PAPP-A(pregnancy associated plasma protein A)라는 물질의 양을 검사하고, 임신 중기에 쿼드 테스트를 추가해 2회 검사하는 통합 선별 검사(Intergrated test)를 하는 경우가 많습니다. 이 질환들은 중증 선천성 질환 중에는 비교적 발생 빈도가 높거나 대개 예후가 심각하거나 근본적인 치료가 어려운 경우가 많아 가장 많이 연구된 질환이기도 합니다.

이중 가장 널리 알려진 다운 증후군의 경우를 예로 들어 검사를 살펴볼까요? 다운 증후군 자체가 학계에 보고된 것은 1866년 영국의 의사 존 랭던 다운(John Langdon Down, 1828~1896년)에 의해서였지만, 산전에 이를 감지할 수 있는 방법이 갖춰진 것은 100년도 지난 1980년대 이후였습니다. 태아가 다운 증후군일 경우 모체의 혈액 속 AFP와 에스트라디올

(estradiol, 성 호르몬 스테로이드)이 같은 임신 주수의 산모의 평균값에 비해 낮고, hCG와 인히빈-A는 높게 나타난다는 게 알려진 거죠.[4]

우리나라의 경우, 지역 보건소에서 쿼드 테스트를 무료로 실시하거나 검사 비용을 지원하기 때문에 임신부 거의 대부분이 이 검사를 받고 있다고 볼 수 있습니다. 하지만 볼 수도 없고 만질 수도 없기에 개발되었다는 산전 검사의 고안 취지와는 다르게 검사를 받고 나면 더욱 불안해지는 경우가 종종 있습니다. 다운 증후군이란 자신과는 전혀 상관없는 질환이라고 여기며 살아왔는데, 생각보다 많은 수의 임신부들이 다운 증후군 의심으로 추가 검사 권고를 받기 때문입니다. 그리고 그들 중 절대다수는 고민 끝에 받은 추가 검사에서 이상 없음 판정을 받습니다. 추가 검사는 쿼드 테스트에 비해 비용과 위험성이 크기에 누군가는 이 추가 검사가 병원의 상술이라고 투덜거리기도 합니다. 하지만 이는 쿼드 테스트의 위양성률이 5퍼센트에 달하며,[5] 애초에 이 자체가 확진 검사가 아니라, 선별(screening) 검사의 특성을 가지고 있기 때문에 일어나는 어쩔 수 없는 한계에 가깝습니다.

구체적인 예를 들어볼까요? 지난 2007년부터 2016년까지 10년간 태어난 아기들을 조사한 결과, 다운 증후군을 가지고 태어난 아기들의 비율은 신생아 1만 명당 5명 정도였습니다.[6] 쿼드 테스트의 위양성률이 5퍼센트라는 것은, 임신부 1만 명이 쿼드 테스트를 받으면, 이중 500명은 실제와 상관없이 양성 반응이 나온다는 겁니다. 검사 결과 500명의 아이들이 고위험군으로 나왔지만, 실제로 다운 증후군을 가지고 태어나는 아이들이 1만 명당 5명이라는 것은, 단순히 계산해도 500명의 아이들 중 5명인 1퍼센트만이 실제 다운 증후군을 가지고 태어난다는 겁니다. 그러니 추가 검사에서 이상이 없다고 판정되는 이들이 훨씬 더 많을 수밖에 없습니다.

쿼드 테스트는 확진을 위한 검사라기보다는 가능성이 큰 사람들을 추려내는 선별 검사입니다. 본선에 가기 전에 치르는 예선이며, 쿼드 테스트가 눈을 가린 채 소리만 듣고 누군가를 판별하는 간접 검사라면, 추가 검사는 융모막이나 양수를 통해 태아의 세포를 채취해 염색체를 직접 검사하는 것이기에 직접 눈으로 보는 것에 가까운 검사입니다. 당연히 정확도는 높지만, 검사 자체에 신체적, 비용적 부담이 따른다는 것이 문제입니다.

개인적으로는 수많은 변수를 놓고 고민 끝에 추가 검사를 하지 않기로 결정을 내렸습니다. 좋지 않은 조건들은 많았습니다. 당시 제 나이는 의학적 노산이라는 35세를 넘긴 상태였고, 이미 임신성 갑상선 항진증과 임신성 당뇨 증세가 나타난 상태였습니다. 물론 양수 검사 자체는 매우 안전한 편이지만, 아주 미소하게나마 유산율을 높인다는 보고도 있습니다. 정밀 검사를 위해 융모막 조직이나 양수를 얻기 위해서는 뱃속에 조직 검사용 바늘을 넣어야 하므로, 이로 인한 감염이나 태아가 바늘 때문에 다칠 위험을 완전히 배제할 수는 없습니다. 쌍둥이는 이 모든 검사를 두 번 해야 하니 확률도 2배로 올라갑니다.[7] 그리고 다운 증후군은 염색체 이상으로 일어나는 현상이기에 태어나기 전에 안다고 해서 딱히 치료법이 있는 것도 아닙니다. 마음의 준비를 할 시간과 태어난 아이에게 맞는 의학적 처치를 대비할 시간을 벌어 주는 것뿐이죠. 그래서 결국 추가 검사는 하지 않기로 했습니다.

물론 그런 결정을 한 이유가 이것만은 아니었습니다. 당시 저의 나이는 35세였지만 배아를 채취했을 때의 나이는 30세였으며 엄마는 하나인데 깃든 아이가 둘이었으므로, 당연히 모든 태아 관련 지표들이 단태아에 비해 더 높거나 낮을 수밖에 없어 수치 보정이 필요했습니다. 그리고 가족력이 전혀 없었고, 목덜미 투명대 검사나 정밀 초음파 검사 등에서 전혀 이상이 없었으며 위양성률에 대해서 알고 있었기에 저 자신이 99퍼센트의 확률에 들어갈 가능성이 매우 크다고 판단했고, 추가 검사가 가져다줄 이익보다는 위험이 더 크다고 생각했습니다.

판단을 했다고 걱정이 사라진 건 아니었지만, 다행스럽게도 아이들은 별 이상 없이 태어났고, 지금껏 건강하게 잘 자라 주고 있습니다. 개인적으로는 확률의 그물망에서 무사히 빠져나갔지만, 여전히 통계적 확률과 개별적 인생 사이에 놓인 괴리는 늘 두렵고 안타깝습니다. 만약 그 확률에서 빗겨나가지 못했더라면 지금의 저는 전혀 다른 삶을 살고 있을 테니까요.

그동안의 과학은 통계적 수치를 다수의 현상을 더 정확히 기술하는 데 집중해서 더 간편하고 더 안전한 산전 검사를 통해 이상이 있는 태아를 더 정확히 찾아내는 쪽으로 발전했습니다. 저도 그 확률과 통계에 기대 판단을 할 수 있었죠. 하지만 앞으로의 과학은 그렇게 정확히 찾아낸 아이들 각각의 삶이 조금 덜 힘들고 조금 더 인간답게 지속될 수 있도록 각자의 상황에 맞는 개별적인 방법을 찾아내는 쪽으로 가야 할 겁니다. 그래야 통계적 확률이 빗겨 나가는 경우에도 최소한의 인간성을 지킬 수 있을 테니까요. 결코 다시 살 수도, 대치될 수도 없는 삶의 궤적 하나하나가 단지 숫자로만 표시되는 사회는, 인간이 만들어 낼 수 있는 가장 바람직한 방식은 아닐 겁니다.

10.
갈라지는 배, 휘는 허리

벌써 10여 년 전의 일입니다. 모 방송 프로그램의 촬영을 위해 당시 인기를 끌었던 「인체의 신비전」 전시장을 방문했습니다. 시신을 썩지 않게 보존하는 플라스티네이션(plastination) 기법을 활용해, 보통의 경우라면 절대로 볼 수 없는 인체 내부의 구석구석을 세밀하고 생생하게 볼 수 있는 흔치 않은 기회여서 꽤 인기를 끌던 전시였습니다. 전시장 안에 들어서자 가장 먼저 눈에 띈 것은 자신의 벗겨진 피부를 들고 있는 남자, 일명 '스킨 맨(skin man)'의 모습이었습니다. 16세기에 발간된 후안 발베르데 드 아무스코(Juan Valverde de Amusco, 1525?~?년)의 해부학 책에 실린 유명한 삽화를 그대로 본떠 만든 스킨 맨의 모습은 매우 그로테스크하면서도 강렬한 인상을 주었습니다.

　많은 이들이 자신의 피부를 옷처럼 들고 있는 스킨 맨의 모습에서, 생전의 피부색이나 미모나 사회적 지위가 어땠든 간에 이렇게 한 꺼풀 벗겨내면 모두 다 같은 존재라는 메시지를 직관적으로 느꼈을 겁니다. 하지만 제 기억 속의 스킨 맨은 손에 든 피부가 아니라, 그의 복근으로 더 선명하게 남아 있습니다. 당시 임신 중이어서였을까요. 하루가 다르게 나오고 있던 저의 배와 스킨 맨의 납작하고 단단한 복근이 너무나도 극적으로 대비된다고 느꼈던 거죠.

흔히 사람들은 만삭 임신부에게 "배가 남산만 하다."라는 말을 쓰곤 합니다. 실제로도 임신 막바지가 다가올수록 정말 하루가 다르게 배가 불러와서, 이러다가 피부가 찢어지는 건 아닐까 하는 생각이 들 정도였습니다. 게다가 저는 쌍둥이를 품고 있었습니다. 하나만 들어차도 좁은 공간에 둘이나 들어 있다 보니, 배는 부풀다 못해 터질 지경이었습니다. 그러다가 스킨 맨을 접하고 나자 문득 생각이 피부밑 근육 조직들에 닿았습니다.

그림에서 볼 수 있듯이 사람의 장기는 바깥부터 차례로 피부와 근육과 복막에 둘러싸여 있습니다. 게다가 아기는 그 복막 안에 자리한 자궁 안에 들어 있고요. 그러니 아기가 뱃속에서 자라면 자궁과 피부뿐 아니라, 그 사이에 있는 근육층도 그에 맞추어 늘어나야 합니다. 그런데 원래부터 늘어나는 가죽 주머니로서 진화된 자궁과 상당히 신장력이 있는 피부는 그렇다 쳐도, 근육은 그리 쉽게 늘어날 것 같지가 않습니다. 물론 근육이 수축과 이완을 통해 신체 운동을 조절할 수 있다지만, 이때의 이완이란 어디까지나 수축되었던 근육이 원래의 길이만큼 다시 회복된다는 뜻이지, 한계를 넘어서 늘어난다는 의미가 아닙니다. 실제로 근육은 잘 늘어나지 않습니다. 섣부르게 운동하다가 근육 기능에 문제가 생기고 고생하게 됩니다. 그런데 날이 갈수록 불러오는 배의 크기는 복근이 버틸

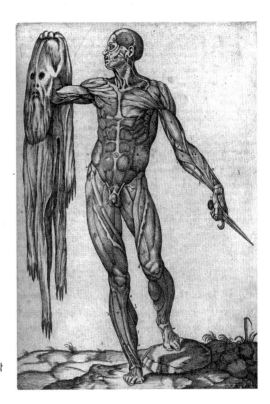

1556년 발간된 아무스코의 해부학
책에 수록된 스킨 맨 삽화.

수 있는 한계를 곧 넘을 듯 보였습니다.

그런 생각을 하며 배를 내려다보던 중, 이상한 것을 발견했습니다. 배 모양이 뭔가 이상했거든요. 배가 흔히 생각하듯 흥부네 지붕에 열린 박처럼 탐스럽게 둥그런 모양이 아니라, 마치 배 가운데에 산맥이 불룩 솟아난 듯한 모양이었습니다. 이게 바로 태아의 성장에 맞추어 늘어나는 압력에 견디기 위해 임신부의 배곧은근(복직근)에서 일어나는 배곧은근 분리(diastasis rectus abdominus, 복직근 이개) 현상입니다.[1]

흔히 잘 발달된 복근을 식스팩, 혹은 초콜릿 복근이라고 합니다. 복근은 배꼽을 기준으로 위쪽에 양쪽으로 나뉘어 뭉쳐 있는데, 복부에 지방이 없고 근육이 잘 발달한 경우와 피부에 수분 함량이 적은 경우에 선명한 윤곽을 드러냅니다. 이때 이 근육들을 중앙에서 붙잡고 있는 백선(linea alba) 조직은 위쪽으로는 복장뼈(가슴뼈, 흉골) 아래쪽부터 아래쪽으로는 두덩뼈(치골) 상단까지 이어지며 배를 단단하게 잡고 있습니다. 이는 배라는 부위가 우리 몸에서 가장 길고 부피가 큰 장을 담고 있으면서 이를 받쳐 줄 뼈는 딱히 없기 때문입니다. 근육이 제대로 받쳐 주지 못하면, 내부 압력으로 인해 장이 피부 쪽으로 밀려 나올 수 있습니다. 탈장이 바로 그런 것이죠. 그래서 백선 조직은 근육을 탄탄하게 잡아 주어 장이 제 위치에서 이탈하지 않게 막아 줍니다. 임신이 진행되면서 이 부위가 느슨해지면서 복근이 양쪽으로 갈라지는 현상이 일어납니다. 마치 바다가 갈라지듯 배에 있는 근육 뭉치들이 양쪽으로 나뉘는 거죠. 이로 인해 배 전체에 세로로 긴 틈이 생겨나고 복근에 걸리는 압력이 줄어듭니다. 이렇게 배곧은근이 분리되면 아이는 더 자랄 수 있는 공간을 확보하기 쉬워지고, 엄마의 근육 손상 위험도 낮아집니다.

만삭 임신부에게서는 거의 100퍼센트 배곧은근 분리 현상이 나타납니다. 배곧은근 분리는 아프지 않기 때문에 대부분의 임신부들은 자신에게 이런 현상이 일어나는지도 모르고 있다가 아기를 낳고 난 뒤 배꼽 주변에 뚜렷하게 갈라진 틈을 인지하고는 깜짝 놀라기도 합니다. 이렇게 분리된 배곧은근은 시간이 지나면 서서히 다시 맞물리게 되는데, 가끔 완전히 닫히지 않아 배꼽 주변으로 손가락이 푹 들어갈 정도로 틈이 남는 경우도 있습니다. 배곧은근 분리 현상은 아이의 성장과 스스로의 건강이라는 두 마리 토끼를 모두 잡기 위해 모체에 일어나는 흥미로운 진

배곧은근 분리가 일어난 경우. 출산 전(왼쪽)과 출산 후(오른쪽).

화적 적응입니다.

임신 시 일어나는 변화는 이뿐만이 아닙니다. 예를 들어 사람처럼 두 발로 걷는 로봇을 만들고 세웁니다. 그리고 로봇의 배 부분에 전체 로봇 무게의 15~20퍼센트를 덧붙이면 어떻게 될까요? 쉽게 상상할 수 있듯이 그 로봇은 바로 넘어지고 말 겁니다. 가만 서 있을 때는 다리를 벌려 어찌어찌 균형을 잡더라도, 걸어 보라고 하면 넘어지지 않고 움직이는 건 쉽지 않을 겁니다. 직립 보행을 하면 균형을 잡는 일이 쉽지 않기 때문에 갑작스럽게 몸의 특정 부위에만 과도하게 하중이 걸리면 중심을 잡기가 여의치 않게 되거든요. 하지만 임신부들은 대부분 속도가 좀 느려지고 허리에 손을 받치고 좀 뒤뚱거리긴 하지만, 대개는 출산 직전까지 걷는 데 큰 무리는 없으며 생각만큼 잘 넘어지지도 않습니다. 어떻게 이것이 가능한 것일까요?

이를 밝힌 흥미로운 논문이 있습니다. 2007년 발표된 「이족 보행을 하는 호미닌들에게서 나타나는 태아 부담과 요추 전만증의 진화(Fetal load and the evolution of lumbar lordosis in bipedal hominins)」라는 논문에서 연구자들은 만삭의 임산부들이 넘어지지 않고 걸을 수 있는 이유를 과학적으로 밝혀냅니다.[2]

10. 갈라지는 배, 휘는 허리

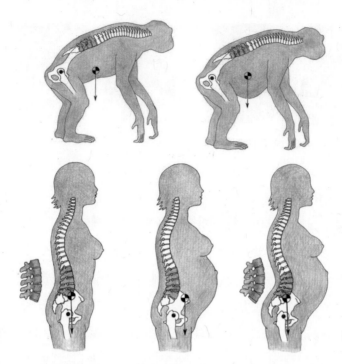

영장류와 인간 여성의 임신 시 무게 중심과 허리뼈의 변화

어떤 대상이 넘어지지 않고 중심을 유지할 수 있으려면 무게 중심이 대상의 중앙에서 지면과 수직선 상에 닿아 있어야 합니다. 인간의 영장류 사촌들은 그런 점에서 아무런 문제가 없습니다. 이들은 네 발로 움직이기 때문에 임신 기간 동안 배가 나오는 방향이 중력 방향이므로 무게 중심에 별다른 변화가 없습니다. 그래서 이들의 허리뼈(요추)는 곧은 편이며, 암수에 별 차이가 없습니다. 그런데 사람은 다릅니다. 두 발로 걷는 사람들의 경우, 보통의 자세에서 배만 나오게 되면 무게 중심이 몸의 앞쪽으로 쏠리기 때문에 불안정해질 수밖에 없습니다. 그래서 임산부들은 몸 밖으

로 빠져나간 무게 중심을 몸의 안쪽으로 다시 가져오기 위해 특유의 자세를 취하게 됩니다. 바로 허리와 엉덩이를 뒤로 내밀어 몸의 균형점을 뒤쪽으로 이동시키는 거죠. 이 논문에 따르면, 보통 임산부의 허리는 임신 기간 동안 18~28도까지 구부러진다고 합니다. 이를 가능케 하는 게 바로 여성 허리뼈의 특성입니다.

목뼈부터 꼬리뼈까지 사람의 척추를 이루는 33개의 뼈 중에서 허리 부분에 존재하는 뼈가 바로 허리뼈입니다. 허리뼈는 총 5개의 뼈로 이루어져 있는데, 남자와 여자의 허리뼈 형태와 특성이 미묘하게 다릅니다. 남자의 허리뼈가 직사각형에 가까운 모양을 하고 있다면 여성의 허리뼈는 등쪽 면이 더 좁은 사다리꼴 모양을 하고 있습니다. 아시다시피 척추를 구성하는 뼈와 뼈 사이에는 흔히 디스크(추간판)라고 불리는 질긴 섬유질로 둘러싸인 젤리 같은 조직이 들어 있어서 뼈를 연결하고 충격을 완화합니다.

물론 남성처럼 허리뼈가 직사각형 모양이라고 해도 어느 정도 허리를 뒤로 꺾는 것은 가능합니다. 하지만 여성의 경우 애초부터 뼈의 모양이 사다리꼴에 가까우므로 허리뼈를 뒤로 기울이기가 더 쉽습니다. 또한 남성의 경우, 5개의 허리뼈 중 아래쪽 2개만 뒤로 구부러지는 것이 가능한 반면, 여성의 경우는 아래쪽 3개가 가능하므로 더 수월하게 허리뼈를 굽혀서 척추를 S자로 만들어 무게 중심이 몸 안에 있도록 조절하기가 더 수월해집니다. 이런 구조 때문에 혹시나 과학이 발전해 지금의 여성과 비슷한 방식으로 남성이 임신을 할 수 있게 된다면 이들은 심각한 요통과 보행 불편을 겪을 가능성이 여성에 비해 더 높을 겁니다. 마찬가지로 영장류가 당장에 이족 보행을 할 수 있게 되더라도 적어도 암컷은 임신 기간만큼은 사족 보행을 해야 할 가능성이 큽니다.

아기를 낳고 나자 팽팽하게 부풀었던 배는 바람 빠진 풍선처럼 물렁물렁하게 가라앉았습니다. 그런데 배꼽을 중심으로 임신선을 따라 세로로 깊이 주름이 생기는 것을 보고 살짝 당황했습니다. 배에 생기는 주름은 늘 가로로만 생기는 줄 알았는데 세로 주름이라니요. 이 역시도 분리되었던 배곧은근이 아직 제자리를 찾아가지 못해 그 틈으로 늘어났던 피부 조직이 접혀 들어가 생기는 현상이었던 겁니다.

다행히도 배곧은근 분리는 출산 후 6개월 이내에 대부분 다시 원래대로 돌아왔고, 시간이 지나자 세로로 깊이 생겼던 주름도 서서히 줄어들었지만, 그 틈이 완전히 닫히는 데는 몇 년이나 걸렸습니다. 하지만 인체의 복원력은 꽤 놀라워서 시간이 지나니 절대 없어지지 않을 것만 같던 근육도 다시 달라붙고, 늘어졌던 피부도 어느 정도 돌아가더군요. 이 모든 것 역시 직접 겪어 보기 전에는 전혀 몰랐던 사실들이었답니다.

11.
1인용 몸을
누군가와 나눌 때

의도치 않게 이러지도 저러지도 못하는 순간과 마주할 때가 있습니다. 예의를 지켜야 하는 식사 자리에서 무심코 입에 넣은 감자 요리가 아직 채 식지 않았다면요? 이걸 그대로 씹어 삼킬 수도, 예의 없이 입속에 들어간 음식을 뱉을 수도 없다면요? 그저 입을 약간 벌리고 입속 근육을 최대한 잘 조절해, 뜨거운 음식이 입 밖에 튀어나오지 않은 상태로 식기를 기다리는 수밖에요. 상대가 눈치껏 이 상황을 모른 척해 줄 만큼 센스가 있기를 바라면서 말이죠.

　살다 보면 한 번쯤 이렇게 뜨거운 감자를 쥔 것 같은 상황에 놓일 때가 있습니다. 제게 이런 상황은 상황적이 아니라, 물리적으로 찾아왔습니다. 쌍둥이 임신 13주차, 이제 안정기에 들었다고 안심했습니다. 실제로 난임 병원에서는 임신이 확인되고 10주 정도가 되면, '졸업'이라면서 일반 산과 병동으로 전원시켜 줍니다. 표면적인 이유는, 난임 병원 담당의의

97

역할은 배아의 형성, 착상, 초기 임신의 안정화를 돕는 것이고, 이후의 상황은 일반 산과 전문의 쪽이 더 잘 돌볼 수 있다는 것이지만, 이면에는 임신을 간절히 기다리는 난임 병원의 내원자들이 배부른 임신부들을 보면서 받을 스트레스를 방지해 보자는 속사정이 숨어 있습니다. 게다가 저는 30대 후반 쌍둥이 임신으로 고위험 임신부에 속했습니다. 그래서 응급 수술이 가능하고 신생아 중환자실이 있는 대학 병원으로 옮겨서 진료를 받고 간단한 혈액 검사를 받았습니다.

며칠 후 병원에서 전화가 왔습니다. 며칠 전 받은 혈액 검사에서 이상 소견이 나타났으니 내원해 재검사를 받으라는 거였죠. 부랴부랴 재검을 받았지만 결과는 동일했습니다. 이후의 임신 기간은 제게 삼킬 수도 뱉을 수도 없는 뜨거운 감자 때문에 입천장이 홀랑 벗겨지지 않도록 무진 애써야 하는 시간이었습니다. 저는 그날 임신성 당뇨와 임신성 갑상샘 항진증을 동시에 진단받았거든요.[1]

임신성 당뇨란, "임신으로 인한 생리적 변화로 인해서 임신 중에 발견되는 당뇨의 아형으로, 그 정도에 상관없이 임신 중에 처음 발생했거나 발견된 당 대사 이상"으로 정의됩니다.[2] 고혈당 상태가 조절되지 않은 채 지속되면, 임신 중독증의 위험이 높아지며 태아가 지나치게 커져서 아기를 낳기가 힘들어지는 사태가 생겨날 수 있습니다. 물론 최근에는 제왕절개술과 산전 검사가 발달해 임신성 당뇨로 인해 치명적인 결과가 발생할 비율은 줄어들었으나, 임신 전에는 당뇨 증상이 없었으나 임신 중에 당뇨를 겪었던 임신부들은 그렇지 않았던 임신부들에 비해 출산 이후에 제2형 당뇨를 앓을 확률이 약 10배나 높다는 연구 보고가 있으니, 주의할 필요가 있습니다.[3]

또 다른 이상 증상인 갑상샘 항진증은 목 아래 나비 모양으로 위치한 갑상샘에서 분비되는 갑상샘 호르몬이 지나치게 많이 나오는 질환을 말합니다. 갑상샘 호르몬은 신체의 전반적인 대사를 활성화하는 호르몬입니다. 그래서 갑상샘 호르몬이 많이 나오면 식욕이 증가하고 소화 기능도 증가해 식사량이 늘지만, 포도당과 지방의 분해 역시 촉진되어 많이 먹어도 살이 찌기는커녕 오히려 몸무게가 줄어듭니다. 대사 속도가 빨라지니 열이 많이 발생해 더위를 참지 못하게 되고, 심장도 빨리 뛰어 늘 숨이 찬 느낌이 듭니다. 그래서 갑상샘 항진증을 치료하지 않고 방치하면, 지나친 체력 소모로 인해 몸이 약해지고 결국 고열로 인한 손상, 부정맥 등으로 사망할 위험도 있죠. 임신성 당뇨는 산모의 몸무게가 늘어나고 고열량 식이를 할수록 더욱 위험해지기에 체중 조절과 식이 요법이 필요합니다. 하지만 갑상샘 항진증은 체력과 에너지원을 빠르게 소진하므로 충분한 양의 음식을 먹어야 합니다. 저는 먹어야 할까요, 말아야 할까요?

생명체가 비생명체와 다른 점 중 하나는 일정 범위 내에서 항상성 (homeostasis)을 유지하는 능력이 있다는 겁니다. 예를 들어 건강한 성인의 경우 체온은 섭씨 36.5도, 심박수는 분당 60~100회, 혈압은 80/120수은주밀리미터(mmHg), 혈액 내 산도는 pH 7.4, 공복 시 혈당은 데시리터당 70~99밀리그램(mg/dl), 갑상샘 자극 호르몬(TSH)은 데시리터당 0.4~5.1 마이크로그램(μg/dl)을 유지합니다. 이 수치는 일시적으로 변화할 수는 있지만, 우리 몸의 정교한 조절 시스템은 그럴 때마다 조절 시스템을 가동해 안정 상태로 되돌립니다.

대표적인 것이 혈당 조절에 관여하는 상호 배타적 호르몬인 인슐린(insulin)과 글루카곤(glucagon)입니다. 이들은 둘 다 이자(췌장)에서 분비되지만, 인슐린은 혈당을 낮추는 기능을 하고, 글로카곤은 혈당을 높이는 기능을 합니다. 밥을 먹으면 일시적으로 혈당이 올라갑니다. 이때 이자는 인슐린을 분비해 혈액 속 과다 당분을 수거해 간에 글리코겐(glycogen)의 형태로 저장되게 만들고 혈당을 정상 상태로 낮춥니다. 반대로 밥을 먹은 지 오래 지나 혈액 속 당의 양이 부족해지면 이자는 인슐린의 분비량을 낮추고 글루카곤의 분비량을 늘립니다. 글루카곤은 간에 저장된 글리코겐을 분해해 포도당으로 바꿔 혈액 속으로 분비하게 하고, 혈당량이 일정 범위 내에서 유지되게 만듭니다.

항상성 조절은 빠르고 기민하게 일어납니다. 체온도 격렬한 운동을 하거나 갑자기 한기에 노출되면 잠시 변화할 수 있지만, 곧 원래대로 돌아옵니다. 변화가 감지되는 즉시 원래 상태로 되돌리려는 '되먹임 작용'이 재빨리 작동하기 때문이죠. 체온이 오르면 전신의 땀샘을 열고 땀을 쏟아내 기화열로 체온을 낮추고, 체온이 내리면 모낭(털주머니)을 막고 털을 세워 작은 모공으로 나가는 열도 막으며 체내에서 열을 만들어 내는 단백질을 활성화하는 장치가 우리가 의식하지도 못한 새에 가동됩니다. 마치 실내 온도가 설정값보다 낮아지면 난방 장치가 돌아가고 높아지면 냉방 장치가 가동해 온도를 맞추는 온도 조절 장치처럼 말입니다.

이처럼 생체 조절 시스템은 자동으로 제어되며 효율도 꽤 좋기에 평소에는 별다른 의식 없이 살아갈 수 있습니다. 다만 항상성 장치의 설정값이라는 게 태어날 때부터 정해져 있어 임의로 바꿀 수 없으며, 기준값에서 일정 이상 벗어나면 장치가 영영 고장 난다는 게 문제긴 하지만 말입니다. 이 결정적인 단점의 대가(죽음)가 너무 크기에 인체의 항상성 장치는 대부분 기민하게 반응하고 균형을 깨뜨리지 않도록 항상 섬세하고 예민하게 작동합니다. 그런데 임신은 종종 이 균형을 깨뜨리는 요인이 되곤 합니다.

임신하면 태아에게 안정적으로 영양을 공급하기 위해 모체의 탄수화물-지방 대사에 변화가 일어납니다. 태아는 생존과 성장에 필요한 모든 양분과 에너지원을 전적으로 모체에 의존하기 때문이죠. 예를 들어 태아 조직에서 분비되는 호르몬은 모체에서 분비되는 인슐린의 작용을 방해합니다. 그래서 임신하면 인슐린 감수성이 30~60퍼센트 떨어지게 되죠.[4] 인슐린 저항성이 높아지면 당이 혈액 속에 그대로 남게 되니 상대적으로 간에 글리코겐 형태로 저장되는 포도당의 양이 적어집니다. 그리고 이 신호는 모체의 생체 시스템에 열량이 부족하다는 경고등을 켜서 지방 분해를 가속합니다. (당뇨 초기 환자의 살이 빠지는 현상도 같은 원리에 따라 일어납니다.)

하지만 모체의 항상성 조절 시스템이 이를 가만두지 않는다는 게 문제입니다. 엄마 마음이야 내 새끼 입에 음식 들어가는 것만 봐도 뿌듯하지만, 모체의 항상성 조절 시스템은 철저하게 엄마 몸만을 위해 움직이니 말이죠. 모체의 혈당 조절 시스템은 혈당이 높아졌으니 이를 다시 원래대로 되돌리기 위해 자동으로 인슐린 분비량을 늘립니다. 태아의 혈당 증가 자극에 대응해 인슐린 분비량도 점점 늘어나 막달에는 인슐린 수치가 임신 전보다 2배까지 높아집니다. 인슐린을 분비하는 이자의 베타 세포 양이 10~15퍼센트 늘어나고 기존의 베타 세포 활성도 증가해 이전보다 2~3배의 인슐린을 만들어 냅니다. 기능이 떨어지니 양으로 대응하는 거죠. 보통은 이런 방식을 통해 새로운 혈당 안정치를 찾아내는데, 사람에 따라서는 베타 세포의 활성이 충분히 증가하지 못하기도 합니다. 그러

임신성 당뇨의 진단 기준.

검사 방법 혈당(mg/dl)	100그램 경구 당 부하 검사	75그램 경구 당 부하 검사
공복 시 혈당	95	92
1시간 혈당	180	180
2시간 혈당	155	153
3시간 혈당	140	

100그램 경구 당 부하 검사의 경우 기준에서 최소 2개 이상이 비정상으로 나올 경우, 75그램 경구 당 부하 검사의 경우 기준에서 1개 이상이 비정상으로 나올 경우 임신성 당뇨로 진단할 수 있다고 한다.

면 인슐린 활성 저하로 인해 임신성 당뇨가 발병하는 겁니다.

임신성 갑상샘 항진증 역시 항상성의 균형 파괴가 원인입니다. 임신성 갑상샘 항진증의 주요 원인 중 하나는 입덧이거든요. 입덧이 심해 제대로 먹지 못하면 영양분과 에너지원이 부족해진 세포들의 대사 속도가 느려질 수 있습니다. 그래서 세포들의 대사 속도를 유지하기 위해 이들을 촉진하는 갑상샘 호르몬의 분비량이 늘어납니다. 자원이 줄어드니 효율성을 높이는 거죠. 게다가 쌍둥이를 임신하면 이 임신성 갑상샘 항진증의 발병률이 높아집니다. 쌍둥이들은 단태아보다 더 많은 양의 호르몬을 분비하므로, 엄마가 입덧을 심하게 할 가능성이 커지고, 심한 입덧으로 제대로 먹지 못하면 영양 공급에 문제가 생기며, 우리 몸은 대사 속도를 유지하기 위해 부스터 연료인 갑상샘 호르몬을 더욱 많이 분비하게 되기 때문이죠.

사람의 몸은 대개 타인과 공유되지 않습니다. 애초에 공유될 수 없지요. 하지만 그 유일한 예외가 임신입니다. 기본적으로 1인용으로 설계된 몸을 누군가와 나눈다면 어떤 일이 일어날까요? 물론 건강한 여성의 몸은 태아와 어느 정도 지분을 나눌 여유가 있지만, 그건 마치 고무줄을 한계치까지 잡아당기는 느낌의 여유에 가깝습니다. 고무줄을 처음 잡아당길 때는 얼마든지 더 늘릴 수 있을 것 같습니다. 임신성 당뇨병과 임신성 갑상샘 호르몬 항진증은 그런 것이죠.

임신은 기본적으로 1인용으로 설계된 몸을 태아라는 플러스알파와 공유하는 과정입니다. 필연적으로 인슐린 분비 증가와 인슐린 저항성 증가 같은 부담을 모체가 짊어지게 됩니다. 이 부담이 모체의 한계 범위 안에 있다면 별 이상은 없지만, 그 한계 범위를 넘어가 버리면 임신성 당뇨가 되고, 자칫 잘못 놓친 고무줄에 맞아 상처가 나는 것처럼 임신이 종료된 뒤에도 남아 훗날 진짜 당뇨를 일으키는 복병이 되기도 합니다. 임신성 갑상샘 항진증 역시 마찬가지입니다. 임신 초기, 해로운 물질을 거부함으로써 자신을 지키려는 태아의 생존 본능이 입덧을 부르고, 입덧으로 인해 부족해진 에너지원을 보충하기 위해 갑상샘 기능 항진증이 오는 것이니까요.

중요한 건 고무줄을 한계를 넘겨 잡아당기는 것이 아니라, 딱 거기서 멈춰 균형을 맞추는 겁니다. 한계에 이르기 전까지는 아무리 잡아당겨도 손만 놓으면 고무줄은 원래대로 되돌아가지만, 그 한계에서 몇 밀리미터만 더 잡아당겨도 탄성을 잃어버려 영영 원래대로 돌아가지 않으니까요. (거기다 잔뜩 당겨진 고무줄에 맞으면 많이 아파요!) 1인용 몸을 누군가와 나누는 건 그래서 쉽지 않은 일입니다.

12.
아이를 위한
최고의 선물

돌이 지나 한창 뛰어다닐 나이의 아이가 자꾸만 처지고 피곤해합니다. 걱정된 부모. 아이의 몸을 이리저리 살피다가 아이의 몸 여기저기에서 멍자국을 발견합니다. 한달음에 병원으로 달려갑니다. 그리고 청천벽력과 같은 소식을 듣습니다. 아이는 혈액암의 일종인 급성 전골수성 백혈병 (acute promyelocytic leukemia, APL) 진단을 받습니다. 혈액의 기능 이상으로 온몸에 멍이 들었던 거죠. 아이를 살릴 수 있는 유일한 치료법은 조혈 모세포 이식뿐. 하지만 가족 중에는 그 아이와 면역학적으로 일치하는 이가 없습니다. 기존에 기증자로 등록된 사람도 마찬가지이고요. 절망에 빠진 가족을 안타까운 눈으로 바라보던 의사가 넌지시 말합니다.

"제대혈(탯줄피, umblilical cord blood)로도 이식이 가능합니다."

"새로 태어날 아기가 이 아이와 맞지 않는다면요?"

"그건 걱정 마세요. 맞게 만들 수 있으니까요."

이 이야기는 캐머런 디애즈(Cameron Diaz)가 아이를 살리기 위해 모든 것을 감내하는 엄마로 출연했던 2009년 영화「마이 시스터즈 키퍼(My Sister's Keeper)」의 한 장면입니다. 영화는 시험관 아기로 배아를 여러 개 만들고, 착상 전 유전 진단(preimplatation genetic diagnosis, PGD)[1]을 통해 먼저 태어난 아기와 면역학적으로 일치하는 배아만 선택적으로 골라 임신하는 '맞춤 아기'의 방법을 제시하면서 스토리를 이끌어 갑니다.

이 영화를 생각할 때면 자연스럽게 떠오르는 개운치 않은 경험이 있습니다. 아이를 출산하기 얼마 전 베이비페어를 돌아보다가 "출산 전 무료 상담"이라는 간판을 내건 부스에 우연히 들어간 적이 있습니다. 그런데 한참 이야기를 듣다 보니 그곳은 개인 제대혈 보관 서비스 회사의 홍보 부스였습니다. 제대혈을 보관하는 것이 얼마나 중요한지, 그것이 얼마나 유용할 수 있는지를 설명하면서 서비스 가입을 유도하는 곳이었죠.

상담원이 무척이나 열성적으로 설득하기에 잠시 고민했지만, 저는 이미 몇 주 전에 공공 제대혈 은행[2]에 제대혈을 기증하기로 했기에 이 서비스에 가입할 필요가 없었습니다. 그런데 제가 자리에서 일어나려고 하자 상담사가 저를 붙잡으며 이런 말을 던졌습니다.

"설마 비용이 너무 비싸다고 생각하셔서 그러시는 건가요? 내 아이를 위한 최고의 선물인데 비싸다고 생각하세요?"

그 순간, 저는 단돈 100여만 원이 아까워서 아이의 미래를 위한 선물을 아끼는 구두쇠 엄마로 낙인찍히는 기분이었습니다.

태반(胎盤, placenta)은 배아가 자궁 내막에 착상한 뒤 배아를 둘러싼 영양 막세포 가운데 가장 바깥에 위치한 세포가 발달해 만들어지는 조직으로 임신 기간 내내 태아를 물리적, 화학적으로 보호하고, 각종 호르몬을 분비해 임신을 유지하며, 모체와 태아 사이의 영양분과 노폐물의 교환을 관리하는 조직입니다. 태반을 경계로 해서 태아와 모체의 혈액은 서로 섞이지 않고, 필요 물질만 교환되기 때문에 엄마와 아이의 혈액형이 달라도 별다른 거부 반응 없이 임신이 유지될 수 있지요. 그야말로 태반은 임신 중 태아를 보호하고 관리하는 완벽한 가드이자 매니저입니다. 그래서인지 전통적으로 태반은 귀한 것으로 여겨져 왔습니다.

조선 시대 왕실에서는 왕손이 태어나면 태(胎, 태반과 탯줄을 통틀어 일컫는 말입니다.)를 물과 청주로 깨끗이 씻어 새로 만든 단지에 넣었다가, 좋은 날을 잡아 풍수학적으로 길한 땅에 태실을 만들어 마치 신성한 의례를 치르듯 세심하게 신경 써서 묻었습니다. 지금도 조선 시대 왕릉군 중 하나인 서삼릉이나 경상북도 성주군의 세종대왕자 태실 등에 가면 왕가 후손들의 태를 묻어놓은 태실이 한쪽에 자리 잡고 있습니다. 물론, 이런 장태(藏胎) 의식은 복잡하고 비용도 많이 들었기에 주로 왕가에서만 이루어졌지만, 민간에서도 태는 함부로 버리지 않고 반드시 깨끗하게 태워서 처리했습니다. 하지만 대부분의 출산이 병원에서 이루어지는 현대 사회에서 태반은 일종의 의료 폐기물로 분류되어 처리됩니다.[3]

최근에는 태반에 여러 유용 물질들이 들어 있음이 인정되어, 허가받은 의료 폐기물 재활용 업체에서 수거해 가공 처리할 수 있도록 따로 분류하기는 하지만 어쨌든 기본적으로는 의료 폐기물 관리법에 따라 처리되어야 하죠. 불과 100여 년만에 태반을 대하는 방식이 급격히 달라지긴 했지만, 일단 아기가 무사히 태어나면 생물학적으로는 태반은 모체의 몸에서는 가능한 즉시 제거되어야 하는 폐기물인 것은 사실입니다.

태반이 배출되는 과정을 후산(後産)이라고 하는데, 아이가 태어난

성주에 있는 세종대왕자 태실. 세종의 18 왕자와 세손인 단종의 태실 등 태실 19기가 모여 있다.

이후 태반까지 완벽하게 배출되어야 출산의 과정이 끝납니다. 이때 아주 작은 조각이라도 태반의 일부가 자궁 내벽에서 떨어지지 않고 남아 있는 경우를 유착 태반이라고 하는데, 자궁 내벽이 완전히 지혈되지 못하기 때문에 출혈이 지속되고 감염될 확률이 매우 높습니다. 따라서 태반이 유착된 부위가 넓거나 떨어지는 과정에서 자궁 내벽에 상처나 구멍이 나는 경우 바로 수술을 통해 유착된 태반 조직 혹은 자궁 전체를 제거하지 않으면 산모가 목숨을 잃을 수도 있습니다. 옛이야기 속에 흔히 등장하는, 산모가 아이를 낳은 후 회복하지 못하고 시름시름 앓다가 결국 사망하는 여러 이유 중 하나가 이것일 겁니다.

현대 병원에서는 출산 후 태반이 만출(娩出)되면 의사는 어딘가 구멍이 있거나 찢어진 곳은 없는지 꼼꼼히 살피는데, 제 경우에는 자연 분만을 했을 때 후처리를 하면서 의사가 직접 태반을 펼쳐서 보여 주었던 기억이 있습니다. 태반이 온전히 잘 배출되었으니 이제 안심하고 몸조리만 잘하면 된다고 말이죠.

이렇듯 태반은 출산 이후에는 모체에 필요 없어 몸 밖으로 배출되는 조직이지만, 예로부터 영적(靈的)이고 신령스러운 성질 말고도 실질적 유용성이 있을지 모른다는 생각이 많이 있었습니다. 특히나 동물의 경우, 출산 직후 어미가 새끼를 핥아 그 몸에 묻은 양수와 태지를 지워낸 뒤 태를 먹어 버리는 경우가 적지 않습니다.[4] 쥐를 비롯한 설치류와 고양이, 원숭이뿐 아니라 토끼, 염소, 소와 같은 초식 동물에게서도 출산 이후 태반을 먹는 광경은 흔하게 목격됩니다.

과학자들은 어미 동물들이 출산 즉시 자신이 배출한 태를 먹는 이유를 크게 세 가지로 구분합니다. 첫째, 출산으로 인한 체력 및 영양분 손실을 보충하기 위한 섭식 행위, 둘째, 피와 양수의 냄새를 재빨리 제거해 포식자들의 관심을 끌지 않기 위한 보호 행위, 마지막으로 태반에 풍부하게 들어 있는 오피오이드(opioid) 성분과 호르몬 등을 섭취해 산후 통증을 감소시키는 본능적 진통 처방이자 이후 신체적 모성 반응 촉진의 방아쇠 기능 등으로 설명하는 거죠. 마지막 이유의 경우, 실제로 생쥐를 대상으로 실험한 결과, 갓 출산한 어미 쥐에게 태반 대신 단백질이 풍부한 다른 고기를 먹게 했더니 통증을 느끼는 정도가 줄어들지 않았으며, 태반을 먹는 행위가 모유 분비와 새끼 돌보기 등의 모성 행동을 시작하는 방아쇠처럼 작용한다는 보고를 찾을 수 있었습니다.

그리하여 일부 자연주의 출산법을 표방하는 단체 중에는 사람도 포유류의 일종이므로 태반을 섭취하는 것이 출산을 마무리하고 모성 반응을 끌어내는 '자연스러운' 계기가 된다고 주장하며 산모가 자신의 태반을 먹을 수 있도록 도와주는 곳도 있다고는 합니다만, 사람들 대다수는 의학적 이유(조직 부패 가능성 및 감염 위험성이 있습니다.)와 윤리적 이유(어쨌든 인육 섭취입니다.)를 들어 찬성하지 않는 입장입니다. 다만, 태반에는 세포 재생 성분과 호르몬 등이 많이 들어 있는 것은 사실이어서, 적절한 절차를 거쳐 이 성분들을 추출해 의약품이나 건강 미용 제품의 원료로 이용하는 것은 허가되어 있습니다.

이렇게 신성과 불결 사이의 애매한 위치에 놓여 있던 태반의 의학적 가치가 본격적으로 주목받기 시작한 것은 1980년대 이후부터입니다. 의학의 발달로 인해 인체를 구성하는 각종 장기의 이식이 난치병의 마지막 희망으로 떠오른 이후, 태반과 탯줄에 들어 있는 제대혈의 가치가 급부상했기 때문입니다. 제대혈 속에는 혈액을 만들 수 있는 줄기 세포인 조혈 모세포(hematopoietic stem cell)와 연골 및 피부, 지방, 근육 등으로 분화가 가능한 중간엽 줄기 세포(mesenchymal stem cell)가 풍부하게 들어 있습니다. 제대혈 속에 든 조혈 모세포는 장차 적혈구, 백혈구, 혈소판으로 분화될 수 있으며, 중간엽 줄기 세포는 연골, 골 모세포, 섬유 모세포, 지방 세포, 신경 아교 세포, 근육 세포, 상피 세포 등으로 분화가 가능합니다. 줄기 세포 열풍이 불면서 제대혈이 난치병 환자들의 또 다른 희망으로 떠오른 것은 이 때문입니다.

특히나 제대혈 속에 든 조혈 모세포는 성인의 골수에 들어 있는 조혈 모세포에 비해 증식 능력이 훨씬 뛰어나기 때문에, 이를 이용하면 골수 이식이 필요한 각종 혈액암과 난치성 혈액 질환의 치료에 도움이 될 수 있으리라는 가능성이 제기되었으며, 1988년 프랑스에서 세계 최초로 재생 불량성 빈혈로 고통 받던 아이에게 동생의 제대혈을 이식을 통해 치료에 성공하면서 실효성이 입증된 바 있습니다.[5] 1993년에는 비혈연 간의 제대혈 이식, 2001년에는 자가 제대혈 이식이 성공하면서 가능성과 실효성의 범위가 점점 더 넓어졌지요. 게다가 이즈음, 체세포 복제 배아 줄기 세포를 성공시켰다는 소식(훗날 조작으로 밝혀졌습니다만)이 화제가 되면서, 줄기 세포를 가득 품은 제대혈은 난치병 환자들의 마지막 희망처럼 떠올랐고, 제대혈 보관 서비스가 아이의 미래를 위해 부모가 줄 수 있는 최고의 선물인 듯한 유행이 시작되었습니다. 앞서 저를 붙잡았던 상담원의 말처럼 말이죠.

그런데 이를 거부하고 아이 셋의 제대혈을 모두 기증한 저는 아이보다 돈이 중요한 매몰찬 엄마로 비난받아 마땅했을까요? (제대혈 개인 보관은 유료이지만, 공공 기증은 무료입니다.)

13.
제대혈 보관

아이의 출산 예정일이 다가오면, 미리 준비해야 할 것들이 있습니다. 언제든 출발할 수 있도록 출산 용품들을 정리한 '출산 가방'을 싸 놓는 일이지요. 갈아입을 속옷과 두툼한 양말, 오로용 패드와 물티슈, 양치 도구, 세면 도구, 기초 화장품, 빗과 머리끈, 손수건, 복대와 함께, 퇴원할 때 입을 옷과 아기 옷과 모자, 손싸개와 발싸개까지 모두 챙겨 넣으니 2박 3일 입원용 가방이 꽤나 묵직합니다. 그리고 마지막으로 제대혈 기증 키트가 든 상자를 가장 먼저 꺼낼 수 있도록 맨 위에 챙겨 넣었습니다. 얼마 전, 제대혈 기증 신청을 한 병원에서 보내 준 키트였습니다.

당시 제가 살던 곳은 서울이었기에 서울 특별시 제대혈 은행의 홈페이지에 들어가 기증 신청을 했습니다. 직원이 기증 의사를 전화로 다시 한번 확인하고는 며칠 후 택배로 제대혈 기증 키트가 배송되어 오더군요. 제대혈 기증 키트 안에는 서명해야 하는 각종 동의서들과 헌혈용 혈액 팩처럼 생긴 제대혈 채취 및 보관 키트와 산모의 혈액을 채취해 담을 수 있는 작은 주사기와 보관 용기가 들어 있었습니다. 동의서만 꺼내 체크하고 다시 상자에 넣어 출산 시 가져가서 간호사 혹은 의사에게 전달하고 제대혈 기증 의사를 밝히면, 출산 후 의사가 태아의 제대혈을 키트에 보관해 줍니다. 제가 할 일은 출산 이후 기증 기관에 전화를 거는 것뿐이었습니다. 전화를 걸면 하루 안에 직원이 와서 직접 제대혈 키트를 수거해 갑니다.'

아이를 낳고 신생아와 함께 일상을 새로이 꾸려 가야 하는 시간들은, 겪어 보신 분들이라면 아시겠지만, 도저히 무언가를 제대로 챙길 수 있는 시간들이 아닙니다. 그러다 보니 제대혈 기증은 했지만, 출산 이후에는 기증했다는 사실조차 까맣게 잊고 살았습니다. 기증을 했다는 것이 실감 난 것은 출산하고 몇 개월이 지나서 기증 병원에서 제대혈 기증서와 검사 결과지가 든 서류 봉투가 도착한 이후였습니다. 제대혈도 일종의 혈액이므로, 누군가에게 이식되기 위해서는 혈액형을 파악해야 하고, 병원성 바이러스 및 기타 다른 감염성 병원체에 오염되어 있지 않아야 하므로 기본 혈액 검사를 합니다. 아이의 혈액형은 저와 같았고, B형 간염 바이러스를 비롯해 기타 다른 감염체의 오염도 없었습니다. 아기의 기본 검사에서는 별 이상이 없다는 말에 약간은 안도했던 마음이 약간 복잡해진 건 그다음이었습니다.

"기증하신 제대혈은 유핵 세포 수 부족으로 인해 연구용으로 보관 후 폐기됩니다."라는 취지의 문장이 거기 적혀 있었습니다. 그래도 언젠가 누군가를 위해 쓰이기를 바라는 마음에서 기증한 것이었는데, 그 가능성이 애초부터 없게 되었다니 약간은 허탈해졌죠. 이는 다른 아이들의

아기를 출산한 후 잘라낸 탯줄에서 제대혈을 채취하는 모습.

경우에도 마찬가지였습니다. 세 아이 모두 제대혈을 기증했지만, 같은 내용의 결과를 연이어 받아들자 의문이 생겨났습니다. 도대체 기증 혹은 채취되는 제대혈 중 제대로 보관되고 쓰이는 것은 얼마나 되는 걸까요?

국립 장기 조직 혈액 관리원[2]에 등록된 제대혈 등록 기관은 총 16곳이지만, 이중에서 순수하게 기증 제대혈로만 운영되는 기관은 가톨릭 조혈 모세포 은행 제대혈 은행, 동아 대학교 병원 (부울경) 제대혈 은행, 서울특별시 제대혈 은행, 차병원 기증 제대혈 은행 이렇게 4곳입니다. (2024년 기준) 2019년 식품 의약품 안전처에서 발간한 감사 보고서인 「혈액 및 제대혈 관리 실태」에 따르면, 기증받은 제대혈 총 55,390유닛 중 59퍼센트에 달하는 32,617유닛이 기증 부적격 판정을 받았다고 합니다.[3] 기증된 제대혈 중 적격 판정을 받은 게 전체의 40퍼센트 남짓인 이유는 무엇일까요? 이중 바이러스 감염이나 기타 오염으로 인한 폐기는 극히 일부이고, 유핵 세포 수 부족으로 인한 부적합 판정이 대부분입니다.

유핵 세포란 세포 안에 유전 물질을 담고 있는 세포핵을 둘러싼 핵막이 뚜렷하게 남아 있는 세포를 말합니다. 세포의 상태가 나빠지면 핵막에 구멍이 나면서 세포핵이 뭉개지기에, 세포핵이 뚜렷이 존재하는지 아닌지는 일차적으로 세포의 건강 상태를 가늠하는 간단한 지표가 됩니다. 기증된 제대혈이 수혜자에게 무사히 생착되어 조혈 모세포로 기능하기 위해서는 일단 기증된 제대혈 속에 들어 있는 총 유핵 세포의 수가 중요합니다. 나라에 따라 기준이 조금씩 다르지만, 대개 수혜자의 몸무게 1킬로그램당 $2.0 \sim 3.0 \times 10^7$개의 유핵 세포가 필요하다고 권고하고 있습니다. 이보다 더 많으면 더 좋고요.[4] 제대혈 기증 역시도 일종의 '생체 조직 기증'이므로, 면역학적 일치도가 매우 중요합니다. 다만 보통의 골수 이식에서는 HLA라는 일종의 면역학적 지표 6개가 모두 일치해야 이식이 가능한데, 아직 분화가 덜 된 제대혈은 이중 1, 2개가 달라도 이식이 가능합니다.

하지만 이렇게 HLA 지표 일부가 부적합한 경우, 완전히 일치할 때보다 1개 불일치 시에는 유핵 세포의 수가 적어도 30퍼센트 이상 더 많아야 하며, 2개 불일치 시에는 유핵 세포가 70퍼센트 이상 많아야 한다고 권고하는 등, 제대혈 내 유핵 세포의 숫자는 이식 가능성을 판가름하는 매우 중요한 지표가 됩니다. 제대혈 기증과 이식에 대한 법령, 일명 '제대혈법'에 따르면, 제대혈 내 총 유핵 세포의 수는 11억 개 이상이어야 이식 적격 판정을 받을 수 있다고 명시되어 있습니다.[5]

그런데 국내의 경우 제대혈 기증의 비율은 전체 보관 제대혈 중 10

퍼센트에 불과합니다. 다시 말해, 민간 업체에 가족 제대혈 형태로 유료 서비스로 보관되는 것이 50억 유닛이 넘습니다. 그런데 기증 제대혈을 얻는 방법과 가족 제대혈을 얻는 방법이 크게 다르지 않으므로, 이들 중 얼마나 보관 기준을 충족시키는지에 대해서는 전혀 알려지지 않은 상태입니다. 물론 가족용으로 개인이 위탁해 보관 서비스를 제공하는 회사의 경우, 좀 더 꼼꼼하게 제대혈을 채취할 가능성은 있으나 애초에 제대혈 자체가 80~100밀리리터밖에 안 될 정도로 적기 때문에, 조금 더 채취한다고 해서 그 양이 크게 더 많아지지 않기에 합격선을 넘어갈 확률 역시도 크게 올라갈 것 같지는 않습니다.

이렇게 유효 숫자가 부족하다면, 훗날 정말로 제대혈이 필요한 경우가 생기더라도 보관된 제대혈을 단독으로 사용할 수 없을지도 모릅니다. 물론 유효 숫자가 부족한 경우라도 방법이 아주 없지만은 않습니다. 기존 연구 결과, 제대혈 이식의 경우 면역학적 일치도가 완벽하게 들어맞지 않아도 이식이 가능하기에 서로 다른 2명에게서 얻은 제대혈을 합쳐서 사용할 수도 있으니까요. 하지만 사람에게는 태반이 하나밖에 없고, 제대혈도 단 한 번밖에 채취할 수 없으니 내 것이 부족해서 추가하고 싶다고 해서 갑자기 내 면역계와 맞는 제대혈이 뚝딱 생겨나는 것도 아닙니다. 결국 공공 제대혈 은행에 기증된 제대혈 중 가장 적합한 것을 찾아서 추가해야 합니다. 요행히도 공공 제대혈 은행에서 이를 찾을 수 있다면 다행이겠지만 말입니다.

게다가 세포의 냉동 보관 연한도 문제가 될 수 있습니다. 살아 있는 세포를 적절히 처리해 섭씨 -196도 이하의 극저온의 액체 질소에 보관하면, 세포의 생존 시계를 정지시켜 삶을 연장할 수 있습니다. 하지만 그 보관 연한은 대체로 5년 내외로, 이후에는 해동 시 세포의 해동률이 떨어지기 마련입니다. 그러니 지금처럼 100년을 보관해 주는 서비스에 가입했다고 치더라도 100년 후 제가 그 세포를 이용할 가능성 자체가 극히 낮을 뿐만 아니라, 그쯤 되면 해동 시 유효 세포가 얼마나 남아 있을지 가늠하기가 어렵다는 것이 문제입니다. 게다가 사람은 시간이 지나면 태어날 때 비해 수십 배는 성장하기 마련입니다. 몸이 커지면 그만큼 필요로 하는 생물학적 요구량도 높아지는 건 당연하죠. 재대혈 이식 결과의 성공률이 연령대에 따라 달라지는 것(어릴수록 성공률이 높습니다.)이 이 때문입니다.

그리하여 세계 각국에서는 공공 제대혈 은행을 통해, 보관 연한(5년 전후)이 지난 것은 폐기하고 새로운 제대혈을 꾸준히 보충해 일정 숫자 이상의 제대혈을 늘 보유하는 방법을 이용하는 것이 개인들이 각자 자신의 제대혈을 수십 년간 보관하는 것에 비해 그 활용도가 훨씬 높다고 말하고 있습니다. 실제로도 2022년 말 기준, 국내에서 보관 중인 가족 제대혈은 43만 7000건, 기증 제대혈은 4만 2000건인데, 이중에서 지난 5년간 치료 목적으로 사용된 제대혈은 428건이었습니다. 그중 가족 제대혈로 이식한 것은 단 9건이었고, 나머지 419건은 모두 기증 제대혈이었습니다. 어느 쪽이 더 유용하고 현실적인지 보여 주는 대목이죠.[6]

2021년 기준, 조혈 모세포 이식 대기자들의 평균 대기 시간(이식 대기 등록일부터 이식일까지의 기간)은 312일입니다. 지난 2017년 780일이었던 것에 비하면 많이 단축되었지만, 여전히 1년 가까이 기다려야 합니다.[8] 이들의 병세의 위중함을 생각한다면 1년 가까이 기약 없이 기다리게 하는 것은 정말로 잔인한 일입니다.

이들의 오랜 기다림을 획기적으로 줄여 줄 수 있는 게 바로, 확장된 공공 제대혈 은행일 겁니다. 아이가 태어나면, 보관을 원치 않거나 혹은 건강상의 문제로 보관할 수 없는 경우를 제외한 모든 이들의 제대혈이 수거되는 것이 기본 시스템이 된다면, 적어도 아이들이 가장 많이 태어나는 상급 병원 수십 곳의 산부인과에서만이라도 이런 제도가 시행된다면, 이들은 이토록 오랫동안 잔인한 시간을 보내지 않아도 될 겁니다. 공공의 재원을 투입하여 사회적 제도가 확립되어야 하는 곳이 있다면, 바로 이런 곳부터일 겁니다.

2부

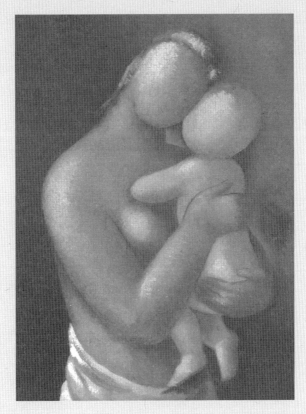

살다

14.
피는 빨간색

살다 보면 종종 내게는 너무나도 익숙해서 언급할 필요조차 느끼지 못했던 일이 누군가에게는 지나치게 낯선 경험이거나 심지어 난생처음 겪는 일이라는 사실에 놀랄 때가 있습니다. (물론 반대의 경우도 마찬가지로 놀랍습니다.) 그 놀라움의 강도는 상대와 제가 맺은 친밀함의 강도가 높을수록 커지기 마련이며, 사소한 일상 속 갑작스러운 마주침이 뜻밖의 놀람을 배가시키곤 하죠.

　그날도 그랬습니다. 한 주를 마무리하는 주말 저녁, 소파에 편한 자세로 반쯤 기대어 긴장감 없이 텔레비전 채널을 이리저리 돌리다가 문득 생리대 광고를 접하게 되었습니다. 그간 숱하게 접했던 광고였죠. 생리혈이 닿자마자 흔적도 없이 흡수되어 늘 보송보송한 생리대(정말?), 민감한 피부에 직접 닿는 부위는 천연 순면 소재로 만들어진 무자극 생리대(글쎄?)라는 카피는 문자 그대로 '복붙'한 듯 동일했지만, 이를 시각화하는 방법이 기존과는 다르더군요. 옆에서 같이 화면을 바라보던 남편이 무심하게 말했습니다. "빨간색을 쓰다니 색다르네."

순간 약간 당황했습니다. 그럼 생리혈이 붉은색이 아니면 무슨 색이라고 생각했던 것일까요? 그래서 물어봤더니 원래 저런 광고에서는 늘 파란색을 쓰지 않느냐고 반문하더군요. 맞아요, 지금까지 많은 생리대 광고에서는 생리혈을 파란색 물감으로 표현하곤 했죠. 하지만 이상한 일입니다. 누구나 알고 있듯이 사람의 피는 붉은색입니다. 그건 너무나도 당연하기에 우리는 상처에서 붉은 피가 솟아나면 놀라고 조금 무서울 수도 있지만 적어도 이상하다고는 생각하진 않습니다. 만약 상처에서 붉은색이 아니라 노랗거나 하얗거나 파란 피가 나온다면 그게 더 끔찍할 거예요. 그러니 어린 시절 보았던 텔레비전 드라마 「브이(V)」에 등장했던 파충류 외계인의 초록색 피가 수십 년이 지난 지금도 여전히 뇌리에 생생히 남아 있는 것일 테죠.

지금껏 만들어졌던 거의 모든 생리대 광고는 마치 담합이라도 한 듯이 모두 생리혈을 파란색으로 표현해 왔습니다. 생리혈을 익숙하게 접하는 여성들이야 일종의 광고적 트릭의 하나로 여기고 넘어갔지만, 직접 월경을 경험해 본 적이 없는 이들의 뇌리에는 '생리혈 = 파란색'이라는 일차적 이미지가 익숙하게 자리 잡았던 거죠. 물론 생리혈이 늘 빨갛기만 한 것은 아닙니다. 생리혈은 시기와 몸 상태에 따라 달라지기에 옅은 분홍색에서 짙은 고동색까지 다양하지만 그 변주도 어디까지나 붉은색을 중심으로 한 것일 뿐, 어떻게 보아도 파랗지는 않습니다. 당연히 여성들은 사람이지 투구게가 아니거든요.

최초의 한글 소설로 알려진 「홍길동전」을 직접 읽어 본 적이 없는 이들도 비록 양반의 핏줄이나 얼자로 태어나 "아버지를 아버지라 부르지 못하고 형을 형이라 부르지 못하는" 홍길동의 탄식은 잘 압니다. 이는 수많은 매체에서 패러디되었을 정도로 강력한 밈(meme)으로 자리 잡았기 때문이죠. 허균은 이 말로 자신이 살던 시대의 부조리한 계급 문화를 비판했습니다. 하지만 온갖 금기들에 도전하지 않는 것이 금기로 여겨지는 21세기에도 여전히 깨어지지 않는 부조리한 금기들은 많습니다. 그중 하나가 월경과 관련된 말을 자유롭게 하지 못한다는 겁니다. '그날'(무슨 날?), '매직'(이렇게 짜증 나는 마법이 또 있을까?) 같은 단어나, 난임 카페에서 쓰이는 '홍 양' 같은 단어를 쓰는 게 고작입니다. 그나마 획득한 명칭이 '생리(生理)'라는 단어입니다.

　원래 생리란 한자 뜻 그대로 '생명체의 생물학적 기능과 작용. 또는 그 원리'입니다. 생물학과에서 동물 생리학과 식물 생리학이 전공 필수인 이유도 여기 있죠. 하지만 우리는 일상에서 생리란 단어를 '성숙한 여성의 자궁에서 주기적으로 출혈이 일어나는 생리적 현상'이라는 뜻으로 축소시켜 사용합니다. 제대로 된 이름이 없는 것도 아닌데 왜 우린 오랫동안 그 이름을 부르기를 꺼렸을까요? 심지어 그 단어는 흔히 생식기와 관련된 욕설이나 저속한 표현으로 쓰이는 말도 아닌데 말이죠.

　이름조차 제대로 불리지 못해서인지 아직도 지구촌 곳곳에서는 생리에 대한 무지와 터부가 남아 있습니다. 2019년 아카데미 단편 다큐멘터리 영화상을 받은 레이카 제타브치(Rayka Zehtabchi) 감독의 「피리어드: 엔드 오브 센텐스(Period. End of Sentence)」에 등장하는 나이 든 인도 여성은 "월경을 왜 하는지 아시나요?"라는 물음에 "그건 신만이 아십니다."라고 답합니다. 아이를 서넛이나 낳은 여성조차 이러니 남성들은 물어 무엇하겠습니다. 실제로 이 다큐멘터리에 나오는 남성들은 월경을 "여자들만 걸리는 질병"으로 알고 있다고 당당히 대답합니다. 심지어 국내에서도 생리대의 크기가 여성의 체구와 비례한다고(체구가 큰 여성은 대형 생리대를 쓰고 체구가 작은 여성은 소형 생리대를 쓴다고) 알고 있거나, 월경혈의 배출을 소변이나 정액처럼 어느 정도까지는 참고 조절할 수 있다고 생각한다는 남성들의 이야기가 심심찮게 게시판에 올라오면 인터넷을 들썩이게 만들곤 하죠.

월경은 왜 일어나고 주기적으로 반복될까요? 이를 알기 위해 먼저 여성의 배란 시스템에 대해 알아야 합니다. 보통 여자아기는 임신 20주경 이미 콩알 크기도 안 되는 작은 난소에 600만 개 이상의 난자들을 만듭니다. 이 수는 이후 점점 줄어들어 태어날 때는 100만~200만 개로 줄어들고, 사춘기가 시작될 때쯤이면 20만~30만 개로 줄어듭니다. 이들은 아직 난자로서 기능하지 못하는 미성숙 상태입니다. 사춘기가 시작되면 호르몬으로 인해 주기적으로 난자가 배출됩니다. 대개 난자는 1회의 배란 주기 중에 1개만 배란되므로, 수십만 개에 달하는 미성숙 난자 중 실제 난자가 되어 난소 밖으로 배출되는 것은 겨우 400여 개에 불과하죠.

종종 피임약을 이용해 인위적으로 배란을 억제하는 것이 난소 안에 들어 있는 난자들을 다 배출시키지 못해 몸에 좋지 않다고 여기는 경우가 있는데, 애초에 난소 안에 들어 있던 난자 중에 제대로 배출되는 것은 전체의 0.1퍼센트 남짓에 불과하니 피임약으로 난자 몇 개의 배출을 억제한다고 해서 난소 기능에 영향을 미치지는 않습니다. 만약 여성이 미성숙 난자를 모두 배란하려면 한 번 배란할 때마다 수백 개씩 배출해야 하니까요.

여성의 배란은 다양한 호르몬의 작용으로 일어납니다. 호르몬의 오케스트라인 셈이죠. 여자아이가 사춘기에 들어서면 뇌하수체에서 난포 자극 호르몬(follicle-stimulating hormone, FSH)이 분비됩니다. 이것이 출발 신호가 되어 난소에 잠들어 있던 미성숙 난자가 깨어납니다. 이때 깨어나는 난자는 하나뿐입니다. 선택된 난자는 난포라는 주머니에 담긴 채 난소 표면으로 서서히 옮겨 갑니다. 그래서 배란기가 다가오면 평소에는 달걀 모양의 난소 표면에 볼록 튀어나온 부분이 생기죠. 난포 속에는 난자를 성장시키는 영양액의 역할을 하는 액체가 가득 담겨 있습니다. 이렇게 난포 안에서 성장을 마친 난자는 마치 어린 새가 알을 깨고 태어나듯, 그간 키워 주고 보호해 주었던 난포를 뚫고 나와 나팔관 속으로 이동합니다. 이 과정을 배란이라고 하죠.

난소가 선별된 난자를 배출하는 사이, 자궁은 난자가 수정될 때를 대비하여 나름의 준비를 합니다. 혹시나 있을지 모를 임신을 대비해 자궁 내막을 두껍고 부드럽게 발달시키는 것이죠. 자궁의 안쪽 벽인 자궁 내막은 월경 직후에는 4~5밀리미터에 불과하지만 배란기에 호르몬 자극을 받으면 점점 부풀어 올라 평소 두께의 2~3배인 8~12밀리미터로 두꺼워집니다. 이렇게 자궁 내막이 두꺼워지는 것은 임신에 중요한 역할을 하는 것으로 알려져 있습니다. 실제로 난임 센터의 발표에 따르면 자궁 내막의 두께가 7밀리미터 이하인 여성들의 임신율은 유의미하게 떨어진다고 합니다. 그 이유는 명확히 알 수 없지만, 두껍게 부풀어 오른 부드러운 내막이 수정된 배아가 자궁 내막에 착상하는 것을 좀 더 수월하게 해 준다고 합니다.

의학적으로 '임신'의 기준은 자궁 내막에 배아가 착상하는 것입니다. 그런데 자궁 내막은 배란 전후의 호르몬 변화를 통해 배란이 되었다는 것은 알지만, 정작 그 배란된 난자가 수정되었는지는 알지 못합니다. 미래가 불확실하면 일단 어떤 사건이 일어나리라고 가정하고 대비하는 것이 피해 혹은 손실을 최소화할 수 있는 좋은 방법입니다. 유비무환(有備無患)이라는 말이 있잖아요. 자궁 내막 역시 그렇습니다. 자궁 내막은 수정란의 형성 여부와 관계없이 배란이 일어났다는 신호만 오면 부풀어 올라 착상을 대비합니다. 하지만 배란 이후 일정 기간(10~16일, 평균 14일) 이 지나도 수정란이 자궁 내막에 달라붙는 것이 감지되지 않으면 여성 호르몬의 농도가 떨어지게 됩니다. 이를 신호로 자궁 내막은 와르르 무너져 내리며 자궁목을 거쳐 질을 통해 몸 밖으로 배출됩니다. 이것이 바로 월경이죠. 이건 수정란의 형성 여부와는 상관없습니다. 수정란이 아무리 많이 만들어지더라도 착상하지 못하면, 여성의 몸은 월경을 겪고 다음 주기를 준비합니다. 실제로 수정란의 성공적인 착상 확률은 3분의 1에 불과하다고 하죠. 그러니 임신의 시작은 수정이 아니라 착상인 거죠.

이 과정에서 알 수 있는 건 월경이란 자궁이 다음에 내려올 수정란이 착상하기 쉽도록 자궁 내부를 청소하고 재건하는 일종의 리모델링 상황이라는 겁니다. 보통 월경이 시작된 첫날부터 다음 월경이 시작되기 전날까지를 1회의 월경 주기로 잡습니다. 교과서에서는 이를 평균적으로 월경기 1주, 배란 준비기 1주, 황체기 2주(배란 이후 월경 시작 전까지) 해서 여성의 월경 주기를 4주로 도식화하죠. 실제 조사 결과 여성의 평균 월경 주기는 29.8일인데, 공교롭게도 이 날짜는 달이 차고 이지러지는 삭망월의 주기(29.5일)와 비슷해서 여성과 달을 연결 짓는 전통이 생겨나기도 했습니다. 물론 시계나 달력이 흔치 않았던 근대 이전의 시대에서는 주기적으로 변하는 달의 모양을 근거 삼아 월경 주기를 셈하기도 했을 테고요.

여성 대부분은 사춘기와 함께 월경을 시작합니다. 2017년 기준, 우리나라 여성들은 평균적으로 11.95세에 초경을 시작해 49.9세에 폐경(閉經) 또는 완경(完經), 즉 월경의 영구적 중단을 경험합니다. 장장 40년에 가까운 세월 동안 주기적으로 월경을 하는 셈이죠.[1] 그렇기에 월경이란 거의 대부분의 성인 여성들이 공유하는 몇 안 되는 경험 중 하나입니다. 그런데 여기서 주목해야 할 것은 여성이라면 대부분 월경을 하지만 그들의 월경 양태는 천차만별이라는 겁니다. 평균적으로 여성의 월경 주기는 평균 29.8일(21~40일), 월경기는 5일(2~7일), 월경량은 80밀리리터(60~120밀리리터) 전후로 알려져 있습니다. 하지만 실제 여성들의 경우를 살펴보면 월경 주기가 21일보다 짧거나 40일보다 길거나, 월경기가 2주 이상 지속되거나, 월경량이 100밀리리터 이상이거나 하는 경우도 드물지 않습니다. 더욱 황당한 것은 이렇게 기준치에서 벗어나는 월경의 양태가 자궁이나 난소 이상 때문일 수도 있지만, 별다른 기능적 이상이 없음에도 나타나는 경우도 적지 않다는 겁니다.

문제는 여기서 생겨납니다. 누구나 겪지만 아무도 똑같지는 않은 경험이기에, 누구나 겪어도 아무도 자신의 상태가 '생리적으로 괜찮은' 상태인지에 대해서는 확신하기가 어렵다는 겁니다. 그렇기 때문에 누군가는 별다른 이상이 없음에도 자신의 월경 양태가 기준치에서 벗어난다고 하여 걱정하기도 하고, 때로는 병적 이상 징후를 겪고 있음에도 '원래 월경이란 게 다 그런 거지.' 하면서 흘려 버리다가 심각한 문제가 있음을 나중에야 알게 되기도 합니다.

전자는 그나마 다행이지만 후자는 자칫 심각한 문제로 이어질 수도 있습니다. 그렇기에 우리는 월경에 대해 정확한 단어로, 자신의 경험을 자세하게, 좀 더 세심하고 밀도 있게 나눌 필요가 있습니다. 가능한 많은 여성의 경험과 상황이 정확한 데이터가 되어야 괜한 불안도, 안타까운 실수도, 웃지 못할 해프닝도 줄어들 테니 말이죠.

15.
배란 은폐

30대 후반의 전문직 여성이 있습니다. 그녀의 하루하루는 너무나도 바쁩니다. 얼마나 바쁜지 자신의 몸에 일어나는 변화를 눈치 채지 못할 정도로 말이죠. 달력을 보던 그녀는 문득 뭔가를 놓친 기분이 들고 곧 그게 무언지를 깨닫습니다. 잠시 후 그녀의 손에 들린 임신 테스트 기에는 선명한 두 줄이 올라와 있습니다.

예상치 못한 상황에 잠시 놀란 것도 잠시, 곧 그녀는 자신에게 일어난 현실을 받아들입니다. 사귄 지 얼마 안 된 그녀의 연인 역시 진심으로 이 사실을 받아들이고 기뻐하며 기꺼이 훌륭한 아빠가 될 것을 약속합니다. 하지만 그녀는 임신을 확인했음에도 불구하고 초음파 검사를 받으러 가는 걸 일이 바쁘다는 핑계를 대고 차일피일 미루죠. 어차피 임신이 확실한데 서두를 필요가 없다는 생각에서죠.

임신 중기가 넘어서야 검사를 받으러 간 그녀는 산부인과 의사에게서 뜻밖의 말을 듣습니다. 아이는 매우 건강하지만 태아의 발달 정도로 보건대 그녀가 생각하는 것보다 몇 주 먼저 임신한 게 확실하다고요. 이건 다른 의미로 그녀에게 큰 충격을 주었습니다. 예상했던 것보다 빨리 출산 휴가를 신청해야 했기 때문만은 아니었습니다. 지금 그녀 옆에 있는 다정한 연인이, 아이의 아빠라고 믿어 의심치 않았던 그가, 그 몇 주 전에는 연인이 아니었거든요!

로맨틱 드라마로 시작했다가 막장 치정물로 이어지는 전개에 놀라셨나요? 사실 이 스토리는 미국 드라마 「그레이 아나토미」에 등장하는 에피소드 중 하나입니다.[1] 이 드라마 속에서 그녀가 난감한 상황에 빠진 이유는 무엇일까요? 왜 그녀는 자신이 임신한 날짜를 착각했을까요? 평소 그녀의 월경 주기는 매우 불규칙해서 한두 달 정도 건너뛰는 것은 예사였기에 그녀는 정확한 가임기를 잘 알지 못했고, 이로 인해 피임에 소홀했던 게 일차적 문제였죠. 하지만 그녀를 위해 약간의 변명을 보태자면 애초부터 인간 여성은 자신의 가임 기간을 스스로 감지하기 어려울 만큼 배란이 소리소문없이 일어난다는 것도 하나의 원인이 될 수 있습니다.[2]

생명체 대부분은 가임기를 숨기고 감추기는커녕 암수를 막론하고 대놓고 드러내는 경우가 많습니다. 발정기에 들어선 고양이는 아기 울음소리를 닮은 날카로운 소리를 내고, 매미들은 귀청이 떨어질 만큼 큰 소리로 필사적으로 배를 울려댑니다. 수컷 가시고기는 알록달록한 혼인색으로 온몸을 물들이고 부지런히 둥지를 지으며, 예전에 실험실에서 키우던 생쥐 암컷은 발정기가 되면 생식기 주변이 분홍색으로 부풀어 올랐기에 그에 맞춰 합사를 시키곤 했죠.

그뿐만이 아닙니다. 수컷 코끼리는 기름기 섞인 분비액을 얼굴에 발라 자신의 상태를 과시하고, 암컷 누에나방은 봄비콜(bombykol)이라는 페로몬을 분비해 자신의 존재감을 공기 중으로 발산합니다. 이만으로는 부족한지 자신의 번식 가능성을 알려주는 냄새를 풍기는 소변이나 분비액을 가능한 이곳저곳에 흩뿌리고 다니는 동물도 부지기수입니다. 그야말로 동네방네 소문을 내는 셈이죠. 식물도 못지않습니다. 이들은 소리를 내지 못하는 대신 빛깔도 모양도 향기도 다양한 온갖 꽃들을 피워내 자신이 번식이 가능해졌음을 드러내며 벌과 나비를 불러들입니다. 그야말로 유전자의 복제 명령에 충실한 생존 기계다운 면모들입니다.

하지만 사람은 좀 다릅니다. 일단 사람은 정해진 번식기가 없기에 일단 성적 성숙이 일어난 후에는 아무 때나 생물학적 재생산이 가능합니다. 하지만 늘 재생산이 가능한 남성과는 달리, 여성은 가임 기간이 상대적으로 매우 짧고 정해져 있습니다. 게다가 남성은 자신의 의지로 정자 배출을 제어 및 조절하는 게 가능하지만, 여성은 자연적인 방법만으로는 난자를 원하는 시기에 배출할 수도 없고, 심지어는 자신의 몸에서 배란이 일어나는 게 언제인지 모르는 경우가 더 많습니다. 첫머리에서 언급한 30대 여성의 난감한 상황은 생물학적 기원을 가진 매우 근본적인 문제였던 거죠.

생물의 본능은 개체의 생존을 위해 애쓰고, 번식을 위해 노력하도록 프로그램되어 있습니다. 그것을 생존 본능, 번식 본능이라고 하는 겁니다. 살기 위해 애쓴다는 말이죠. 일단 살아 있어야 생존하고 번식할 수 있으니까요. 그런데 생식 세포는 개체 내에서 이중적 속성을 지니고 있습니다. 생식 세포가 있건 없건 제대로 기능하건 아니건 간에 개체의 생존에는 별다른 영향이 없습니다. 하지만 생식 세포가 없거나 기능 부전(不

숯)이면 후손을 남길 수가 없지요. 후손을 남긴다는 행위 자체는 개체의 생존에는 도움이 되지 않으며, 때로는 생존을 심각하게 위협하기도 합니다. 애초에 번식이라는 게 생명체가 가용 가능한 한정된 자원과 에너지를 후손과 나누는 행위이기 때문입니다. 연어는 일생에 단 한 번 죽을힘을 다해 물살을 거슬러 올라와 강의 상류에서 알을 낳은 뒤 기진맥진해 죽어 버립니다. 이런 종류의 동물들은 셀 수 없이 많습니다. 심지어 하루살이는 번식이 가능한 성충이 되면, 입이 구조적으로 막혀 버려 먹을 수조차 없게 됩니다. 삶이 시한부이니 생존 따위 고민하지 말고 오로지 번식에만 매진하라는 유전자의 명령입니다.

이런 극단적인 경우도 있지만, 생명체 대부분은 생존과 번식의 두 줄 위에서 아슬아슬하게 균형을 유지합니다. 나 살자고 몸을 사리다 보면 그 개체의 죽음과 함께 그 안에 담긴 유전자도 고스란히 사라져 버립니다. 그렇다고 후손에게 모든 걸 퍼주는 것도 능사는 아닙니다. 포유류의 갓난 새끼들은 단지 낳아 주는 것으로만 끝나는 게 아니라, 어미가 품어 주고 아비가 거둬 먹여야만 생존할 수 있는 경우가 많기 때문이죠. 그래서 생명체들은 명확한 번식기를 통해 이 균형을 유지합니다. 번식기 외의 기간에는 생존에만 힘쓰다가, 번식기가 되면 집중적으로 에너지를 투자하는 거죠.

심지어 토끼나 고양이, 밍크 같은 동물들은 비록 번식기에 들어섰다고 하더라고 실제 교미가 이루어지지 않으면 난자가 나오지도 않습니다. 이를 교미 배란(copulatory ovulation, 짝짓기 유발 배란)이라고 하는데, 번식 관련 투자에 깐깐하게 구는 셈이죠. 그런데 인간 여성의 몸은 성관계와는 상관없이 생리 주기마다 1개씩, 연간 10여 개 이상의 난자를 배출하면서도 난자가 언제 배란되는지 확실히 알려주지는 않는 매우 비효율적인 시스템을 가지고 있습니다.

물론 배란기 여성의 몸에 아무런 징조가 나타나지 않는 것은 아닙니다. 밝혀진 바에 따르면, 여성이 배란기를 전후로 해서 기초 체온의 상승, 배란통, 질 분비물의 변화, 피부와 가슴의 변화 같은 신체적 변화와 성적 욕구의 증가 같은 심리적 변화를 겪는다는 보고가 있습니다. 하지만 그 어떤 증상도 뚜렷하거나 직관적이지 않아서 배란기에 들어선 여성 본인조차도 오늘이 배란일인지 명확하게 알 수 없습니다.

기초 체온의 상승은 변화(섭씨 0.5도 내외)가 너무 미묘한 데다 수면 패턴과 운동 여부에 따라 일정한 범위 안에서 조금씩 오르락내리락합니다. 게다가 기초 체온이 오르는 건 이미 배란이 끝난 뒤인 경우가 많습니다. 여성의 난자는 수정이 되지 않으면 배란 후 최대 24시간까지밖에 살지 못하기 때문에 배란 하루 뒤에 알면 이미 시기는 지나 버린 셈이죠. 또한 배란통을 겪는 여성은 전체의 4분의 1에 불과하고, 게다가 다른 종류의 복통과 구별하기도 쉽지 않죠. 질 분비물의 변화도 워낙 다양한 변수가 많으며 피부와 가슴의 변화를 자각하는 것 역시도 이미 배란이 지난 후인 경우가 많습니다.

이처럼 인간 여성에게 나타나는 배란기 신호들은 죄다 애매하고 불확실해, 가능성 있는 '징조'일 뿐 확실한 '증거'로서의 기능은 떨어집니다. 배란기에 증가하는 여성 호르몬을 소변을 통해 검출하는 배란 테스트기가 개발되어 있기는 하지만 애초에 이것도 매일 매일 검사해서 오늘이 배란일인지 아닌지를 알려줄 뿐, 앞으로 며칠 후에 배란이 될지 예측해 주는 것은 아니어서 여간 번거로운 일이 아닙니다. 그래서인지 생명체 내에서 보기 드문 이런 패턴의 번식에 대해서는 진화론적으로 다양한 이유가 제시되어 있습니다. 그중 가장 유명한 것이 '아빠를 집에(Daddy-at-home)' 가설과 '여러 아빠(Many-Fathers)' 가설입니다.[3]

인간의 번식 패턴은 조금 특이합니다. 여성은 자기 몸집에 비해 너무도 큰 아기를 낳는 위험을 감수해야 하는데도 불구하고, 갓난아기는 매우 미숙한 상태로 태어나기에 오랫동안 많은 시간과 노력과 자원을 투자해서 양육해야 합니다. 따라서 엄마 혼자 아기를 낳아 키우는 게 꼭 불가능한 일은 아니지만, 매우 힘들고 어려운 일이란 건 확실합니다. 누군가의 도움이 절대적으로 필요하고, 그 대상으로 가장 적합한 것은 아이의 생물학적 아빠가 되겠죠. 그래서 여성의 몸은 남성을 육아에 동참시키기 위해 배란을 숨기는 방식으로 진화되어 왔다고 보는 가설이 나오게 된 것입니다. 두 가설 중 첫 번째, 아빠를 집에 가설에 따르면 배란이 숨겨짐으로써 남성들로 하여금 배란기에만 여성을 찾는 것이 아니라 늘 곁에서 맴돌며 친밀한 관계를 유지할 수 있게 만듭니다. 두 번째 가설, 여러 아빠 가설에 따르면 숨겨진 배란은 어떤 아이가 어떤 남성의 생물학적 후손인지 알 수 없게 만들어 집단 내 모든 아이에게 자원을 골고루 나눠 주는 효과가 생깁니다.

수렵 채집 시대에는 배란이 숨겨져 있는 게 인류라는 종의 존속에 도움이 되었을 겁니다. 그렇지 않았다면 인류가 살아남아 지금까지 이어져 내려올 수 없었겠지요. 하지만 여성의 배란이 숨겨져 있는 것에는 진화적 이유가 있다고 하더라도, 그것만으로는 지금을 살아가는 '나'라는 존재의 피임에도, 임신에도 전혀 도움이 되지 않습니다. 조상 탓만 해서는 지금 내 몸에서 일어나는 현상을 바꿀 수도, 지울 수도 없으니까요.

또한 작금에는 DNA 검사를 통해 친생자 여부를 아주 간단히 판단할 수 있기 때문에, 진화상의 전략이 모두 쓸모가 없게 되었습니다. DNA 검사를 통해 생물학적 아빠의 존재를 명확히 특정할 수 있기 때문이죠. 그러니 이런저런 법정 소송에 휘말리고 싶지 않다면, 배란의 은폐와는 상관없이 상대와 느끼는 친밀함의 정도와 관계의 지속 여부에 따라 현명한 판단을 해야 합니다.

임신을 원한다면 배란 테스트기를 매일 사용해서 검사를 해 보는 것이 좋고, 원하지 않는다면 아예 배란이 되지 않도록 월경 관련 호르몬을 조절하는 경구용 피임약을 비롯해 다양한 피임법을 시도하셔야 합니다. 또한 아빠가 되길 원하는 남성의 경우라면 상대 여성의 신호에 예민하게 반응하고, 그럴 마음이 없다면 피임에 적극적으로 협조하는 게 좋습니다. 그것이 21세기를 살아갈 우리의 진화적 전략입니다.

16.
몸의 평등과
공정

우연히 인터넷에서 「마음 따뜻해지는 순간(What a Heartwarming Moment)」이라는 제목의 동영상을 접했습니다.[1] 브라질에서 열린 주니어 요리 경연 대회, 제한 시간은 거의 다 되었지만, 이미 요리는 다 끝났습니다. 이제 요리에 화룡점정을 찍을 소스만 올려 주면 됩니다. 그런데 문제가 생겼습니다. 새 소스 병의 뚜껑이 너무 빡빡해 열리지 않은 것이었죠. 앞치마로 물기도 닦아 보고 칼끝으로 틈새를 벌려 보기도 하면서 뚜껑을 열기 위해 애를 쓰지만, 뚜껑은 요지부동입니다. 시간은 점점 흘러가고 이를 지켜보던 패널들은 안타까워합니다. 순간, 참가자는 병을 들고 패널 석으로 뛰어갑니다. 아까부터 제일 앞에서 이 과정을 초조하게 지켜보던 중년의 신사는 재빨리 그녀에게 병을 건네받아 망설임 없이 뚜껑을 돌립니다. 그의 손에서 열린 병을 다시 받아든 참가자는 재빨리 자신의 자리로 돌아가 시간 내에 요리를 완성하죠.

영상의 길이는 30초 남짓으로 매우 짧지만, 보는 이를 뭉클하게 하는 무언가가 있습니다. 영상 어디서도 그들의 관계에 대해 설명해 주지 않지만, 말하지 않아도 누구나 압니다. 참가자와 패널은 부녀라는 것을요. 딸은 곤경에 처하자 망설임 없이 아버지를 찾고, 아버지는 기꺼이 딸을 위해 도움의 손길을 내미는 모습에서 가족의 의미가 마음으로 느껴지니까요. 이 영상이 주는 감동의 물결이 지나가자 약간은 안타까운 마음이 들었습니다. 사실 이 영상 속 젊은 여성이 겪은 상황은 사실 여성들에게는 흔한 일이거든요. 저만 해도 아이들에게 토마토 파스타를 만들어 주려고 면을 삶다가 도저히 소스 병을 열 수 없어 결국 오일 파스타로 메뉴를 변경한 적도 있고, 휴게소에서 알루미늄 병에 담긴 커피를 샀다가 뚜껑을 열지 못해 결국 못 먹은 적도 있습니다. 더욱 어이없는 것은 남편에게 그 이야기를 해 주었더니 그는 별 힘을 들이지도 않은 채 쉽게 열었다는 거죠. 남녀의 악력(손아귀힘)은 왜 그렇게나 차이가 많이 나는 걸까요?

남녀 간 악력 차이 하니 한때 논란이 되었던 소방 공무원 시험의 합격 기준이 생각납니다. 2019년 소방 공무원 시험 체력 검정 시험은 악력, 배근력, 윗몸굽히기, 제자리멀리뛰기, 윗몸일으키기, 왕복 오래달리기 등 6개 항목을 측정하는데, 항목별로 1점부터 10점까지 배점 기준이 있고 총 60점 만점에 30점 이상을 받아야만 커트라인을 통과할 수 있었죠. 그런데 각 항목의 배점표를 보면 남녀의 기준이 확연히 다르다는 것을 알 수 있습니다. 이 표에 따르면 악력 항목의 경우, 여성의 만점(10점)은 37킬로그램인 데 비해 남성의 최하점인 1점은 이보다 높은 45~48킬로그램입니다. 어느 정도 차이가 날 것이라고 짐작은 하고 있었지만, 이렇게나 차이가 크다니 약간은 충격이었습니다. 심지어 악력 외에도 배근력과 제자

소방 공무원 체력 시험 종목 및 평가 점수.

종목	성별	평가 점수									
		1	2	3	4	5	6	7	8	9	10
악력 (kg)	남	45.3~48.0	48.1~50.0	50.1~51.5	51.6~52.8	52.9~54.1	54.2~55.4	55.5~56.7	56.8~58.0	58.1~59.9	60.0 이상
	여	27.6~28.9	29.0~30.2	30.3~31.1	31.2~31.9	32.0~32.9	33.0~33.7	33.8~34.6	34.7~35.7	35.8~36.9	37.0 이상
배근력 (kg)	남	147~153	154~158	159~165	166~169	170~173	174~178	179~185	186~194	195~205	206 이상
	여	85~91	92~95	96~98	99~101	102~104	105~107	108~110	111~114	115~120	121 이상
윗몸 앞으로 굽히기 (cm)	남	16.1~17.3	17.4~18.3	18.4~19.8	19.9~20.6	20.7~21.6	21.7~22.4	22.5~23.2	23.3~24.2	24.3~25.7	25.8 이상
	여	19.5~20.6	20.7~21.6	21.7~22.6	22.7~23.4	23.5~24.8	24.9~25.4	25.5~26.1	26.2~26.7	26.8~27.9	28.0 이상
제자리 멀리 뛰기 (cm)	남	223~231	232~236	237~239	240~242	243~245	246~249	250~254	255~257	258~262	263 이상
	여	160~164	165~168	169~172	173~176	177~180	181~184	185~188	189~193	194~198	199 이상
윗몸 일으키기 (회/분)	남	43	44	45	46	47	48	49	50	51	52~ 이상
	여	33	34	35	36	37	38	39	40	41	42 이상
왕복 오래 달리기 (회)	남	57~59	60~61	62~63	64~67	68~71	72~74	75	76	77	78 이상
	여	28	29~30	31	32~33	34~36	37~39	40	41	42	43 이상

(소방 공무원 임용령 시행 규칙 별표 7. 2017년 7월 26일 개정 기준.)

리 멀리뛰기 같은 근력을 요하는 항목의 경우는 역시나 여성의 만점 기준은 남성의 최하점 기준에도 못 미치더군요.

소방 공무원은 체력적으로 뛰어난 인재를 뽑는 시험이니 시험 기준이 남다른 게 아닐까 싶어 남녀 간의 평균 악력 자료도 살펴보았죠. 2017년에 출간된 논문 「한국인의 악력 평가를 위한 예측 모형 개발」은 더 놀

16. 몸의 평등과 공정

한국인의 평균 악력. 주로 사용하는 손의 힘을 잰 것이다.

연령	남자(kg)	여자(kg)
10~19세	31.3	23.0
20~29세	43.2	25.6
30~39세	46.8	27.5
40~49세	45.0	27.2
50~59세	41.6	26.0
60~69세	38.3	24.0
70~79세	33.2	20.7
80~89세	27.9	17.0

라웠습니다.[2] 위의 표에서 알 수 있는 것처럼 동일 연령대의 여성의 악력은 남성의 60~70퍼센트 수준이며, 심지어 가장 악력이 강한 30대 여성의 악력 평균조차도 남성 중 가장 약한 80대보다도 약했습니다. 제게는 난공불락의 요새처럼 느껴졌던 뚜껑 열기가 저와 동갑인 남편에게는 너무 쉬운 일이었던 게 이런 이유에서였던 것이죠.

남자와 여자의 몸은 단순히 이차 성징을 담당하는 신체 부위만 다른 것이 아닙니다. 다음 쪽 표에서 보듯이, 통계청에서 발표한 통계(2021년 기준)에 따르면, 남녀의 키와 몸무게를 비교해 보면, 20~30대를 기준으로 키는 남성이 여성의 1.08배 더, 몸무게는 1.3배가량 더 큼을 알 수 있습니다.[3] 물론 남성보다 키가 큰 여성이나 여성보다 더 가냘픈 남성은 분명히 존재하지만, 평균적으로 보면 남성이 여성보다 확실히 큰 편입니다. 이런

2021년 기준 시도별 연령별 성별 평균 신장 분포 현황.

연령 및 성별	남성		여성	
	키(cm)	몸무게(kg)	키(cm)	몸무게(kg)
20대	174.35	76.20	161.77	57.98
30대	174.65	79.19	161.77	59.53
40대	173.29	76.95	160.39	59.65
50대	170.47	72.78	157.69	58.93
60대	167.82	69.37	155.15	58.35
70대	165.47	66.45	152.34	57.28
80대 이상	163.54	63.04	148.80	53.26

눈에 보이는 차이 외에도 남녀는 근육량, 체지방량과 지방 배치 분포, 골질량과 골밀도 등의 신체 구성 비율에도 차이가 있을 뿐 아니라, 혈액당 적혈구의 양, 면역 세포의 양, 감각 세포의 분포 등에도 차이가 있다는 보고가 있습니다.

평균적으로 남성은 여성보다 골격근이 더 많고 골질량과 골밀도가 더 높습니다. 즉 여성보다 뼈가 더 크고 단단하며 근육도 더 많다는 거죠. 여성의 경우에는 골격근이 적은 대신 체지방량이 높고, 지방 중에서 피하 지방이 차지하는 비율이 높습니다. 이에 남성은 신체적으로 힘이 세고 강하지만 여성은 혹독한 상황에서 버틸 수 있는 지구력이 높으며 체온 조절 능력도 상대적으로 더 좋습니다. 또 한 혈액당 적혈구의 수는 남성이 여성에 비해 10퍼센트 이상 많지만, 백혈구와 림프구 등 면역 세포의 비율은 여성이 더 높습니다. 이는 심폐 지구력은 남성이 더 높지만, 질병에 대한 저항력은 여성이 더 높다는 뜻입니다.

다시 한번 말씀드리지만, 이 수치는 어디까지나 평균값을 이야기하는 것으로 양극단의 예외적인 경우는 얼마든지 가능하다는 것을 감안하셔야 합니다. 이 밖에도 남녀는 필요로 하는 호르몬의 종류와 요구량, 특정 약물에 대한 반응 정도, 질병에 대한 감수성과 외부 자극에 대한 민감성의 정도가 평균적으로 차이가 나는 것으로 알려져 있습니다.[4] 아이가 어른을 그대로 축소시켜 놓은 것이 아니듯이, 남성과 여성 역시 생식기의 모습만 다른 게 아닌 겁니다.

이런 남녀의 신체적 차이는 단지 줄자와 체중계로 측정할 수 있는 범위를 넘어서 다양한 분야로 확장되어 갑니다. 그중에서 가장 대중적으로 잘 알려진 것이 '화성에서 온 남자와 금성에서 온 여자' 혹은 '말을 듣지 않는 남자, 지도를 읽지 못하는 여자' 프레임입니다. 전자는 미국의 카운슬러이자 작가인 존 그레이(John Gray, 1951년~)가 1992년에 발간한 동명의 책, 『화성에서 온 남자와 금성에서 온 여자(Men Are from Mars, Women Are from Venus)』[5]에서 기인한 말로, 남성과 여성은 생각하는 방식과 사고 흐름 체계가 서로 다른 행성 출신의 외계인만큼 다르기에 관계를 원만하게 유지하기 위해서는 이 차이를 인식하고 인정하는 것이 필요하다는 주장이었죠. 후자는 오스트레일리아 출신의 부부 작가 앨런 피즈(Allan Pease, 1952년~)와 바버라 피즈(Barbara Pease)가 1999년 저술한 『말을 듣지 않는 남자 지도를 읽지 못하는 여자(Why Men Don't Listen and Women Can't Read Maps)』[6]에서 시작된 말로, 역시 남녀의 심리학적 차이를 진화 생물학적으로 접근해 인기를 끌었던 책입니다.

     존 그레이나 피즈 부부가 주장하는 남녀의 심리학적 차이에 대해서는 찬반 의견이 분분합니다. 남녀 사이의 미묘한 갈등의 원인을 기가 막히게 짚어냈다는 평도 있고, 사소한 사례를 지나치게 일반화했다는 비판도 있죠. 하지만 대부분의 사람은 정도에 차이는 있지만, 남녀가 세상을 바라보는 방식에는 차이가 있다는 것에 대해서는 수긍하는 편입니다.

     남녀 간의 신체적 차이는 계측이 가능하므로, 그 차이가 분명히 보입니다. 하지만 심리적 차이는 계측이 쉽지 않습니다. 심리 상태의 다양성은 신체의 그것보다 훨씬 더 가짓수가 많은데다가, 애초에 심리 상태를 명확하기 측정할 수 있는 줄자나 체중계와 같은 표준화된 기구가 없기 때문이기도 합니다. 게다가 남녀의 심리 차이로 여겨진 것들이 근본적으로는 신체적 차이 때문에 일어나는 현상이 경우도 적지 않습니다. 일례로 여성들은 문제를 정면으로 맞서기보다는 회피하는 경향이 강하다고 이야기합니다. 이를 누군가는 뇌과학과 진화 심리학적으로 접근합니다. 하지만 신체적 차이 그 자체가 주는 영향도 무시할 수 없습니다. 앞의 표들을 보면, 건강한 성인 여성조차도 타고난 근력으로만 본다면 사춘기에 갓 들어선 소년이나 일흔을 넘긴 남성 노인보다도 못한 경우가 많습니다.

     문명화된 사회가 아닌 자연 상태에서 신체적 근력의 차이는 생존을 위협하는 차이가 될 수 있습니다. 약한 개체의 생존 방식은 정면 돌파만이어서는 안 됩니다. 맞서서 이길 수 없을 것 같은 상대에 대해서는 맞부딪치는 것을 피하고 상대를 도발하지 않는 것이 생존 확률을 높일 수 있는 방식일 수 있으니까요. 이는 여성 혹은 남성의 특성이라고 여겨졌던, 혹은 이를 넘어 여성 혹은 남성이라면 마땅히 그래야만 하는 것이라고 강요되어 왔던 수많은 심리적, 사회적 특성들이 사실은 서로 다른 몸을 가지고 살아남기 위해 처절하게 노력했던 선조들의 생존 투쟁 흔적일지도 모른다는 것이죠. 그렇다면 이런 신체적 차이는 어쩔 수 없는 거니, 그로 인한 모든 결과도 당연하게 받아들여야 하는 걸까요?

한때 인터넷에서는 평등과 공정의 차이를 다룬 이미지가 유행한 적이 있습니다. 재미있는 축구 경기가 펼쳐지는 담장 너머에 세 사람이 있습니다. 한 사람은 키가 크고 한 사람은 좀 작고 마지막 한 사람은 아예 휠체어를 타고 있습니다. 담장이 너무 높아 경기가 잘 보이지 않습니다. 이들에게 같은 크기의 발판을 하나씩 주는 것은 이들을 평등(equality)하게 대우하는 겁니다. 타고난 조건에 상관없이 혜택을 동일하게 제공하는 거죠. 그런데 평등한 혜택은 꼭 좋은 결과를 가져올까요? 담장보다 살짝 작은 사람에게는 발판이 매우 유용하겠지만, 키가 아주 작은 사람은 그 발판만 밟아서는 여전히 담장 너머를 볼 수 없고, 휠체어를 탄 사람은 발판이 아무리 높아도 무용지물입니다. 휠체어 바퀴로는 발판을 딛고 올라설 수 없으니까요. 이처럼 무조건적이고 기계적인 평등은 희망을 절망으로 바꾸는 교묘한 차별이 될 수도 있습니다. 그래서 사람마다 출발점이 다른 것을 감안해 부족한 이들에게 더 많은 지원과 필요한 지원을 하는 것이 공정(equity)하다는 주장이 등장합니다. 키가 작은 이들에게는 더 높은 발판을, 휠체어를 탄 이들에게는 높은데다가 경사로가 있는 특수한 발판을 제공하는 거죠.

복지 제도 안에 있는 지원 대상자를 선별하는 조건이나 시스템은 이런 생각을 바탕으로 만들어졌습니다. 불평등한 것처럼 보이는 혜택이 어느 정도 평등한 결과를 가져오며 기계적 평등보다 정의로운 것처럼 느껴집니다. 하지만 이것도 어떤 이들에게는 역차별로 다가올 수 있습니다.

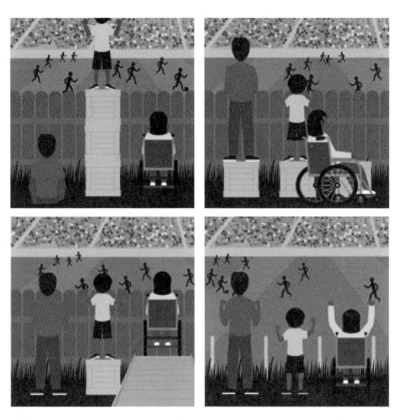

왼쪽 위는 실제, 오른쪽 위는 평등을 통해 실제 상황을 타개해 보겠다는 시도, 왼쪽 아래는 평등에 공정을 더한 시도이다. 그러나 담벼락을 없애 입장권을 사지 않아도 경기를 볼 수 있게 하는 게 정의이지 않을까?

나는 노력해서 힘들게 얻은 것을 저 사람은 아무 노력 없이 그저 어떤 조건을 타고났다는 이유로 공짜로 얻었다고 생각하면, 누가 열심히 일하고 싶을까요? 이런 생각이 깊어지면 자칫 상대에 대한 혐오와 증오로 이어질 수도 있습니다. 그런데 조금 다르게 생각할 수는 없을까요? 담장을 투명한 재질로 바꾸거나 담장 대신 그물을 거는 거죠. 그렇다면 세 사람은 어떠한 추가적인 도움 없이도 경기를 자유롭게 즐길 수 있으며, 애초에 자신들에게 어떤 도움이 필요하다는 인식조차 하지 않게 됩니다. 타고난 차이가 불편함 혹은 부당함으로 이어질 수 있는 가능성 자체를 제거하는 시스템이 적용되면, 우리는 부족함을 알지 못할 수도 있다는 것입니다.

우리는 더 이상 30만 년 전 사바나의 평원에 살던 소규모의 유인원 무리가 아닙니다. 그때나 지금이나 타고난 몸 자체는 거의 달라지지 않았지만, 인구는 수십억으로 불어났고 지구 위의 모든 대륙에 발을 붙이고 살고 있으며, 심지어 잠깐이지만 지구 밖 달에도 다녀온 적이 있을 정도로 커다랗고 복잡하고 발전된 사회를 이루어냈습니다. 이런 사회를 만들어 냈음에도 불구하고, 우리는 여전히 나이와 성별과 피부색의 다름을 차별의 근거로 이용하고, 이 차이로 인한 불편함을 감내해 온 사회적 약자들을 무임 승차자 취급하며 그들에게 돌아가는 몫이 크다고 투덜대며 갈등의 골을 점점 더 깊게 파고 있습니다. 이쯤 되면 생각의 방향을 바꿔볼 때가 되었다는 생각이 듭니다. 기회적 평등과 결과적 평등을 애써 맞추는 것을 넘어서, 모두의 차이가 애초에 차별로 이어질 수 없도록 시스템을 바꾸는 게 당연하다고 생각합니다. 타고난 근력이 부족하니 여성과 남성의 선발에 차이를 두었는데, 누군가는 이것 자체가 불공정하다는 생각이 들 수도 있습니다. 그렇다면 타고난 신체적 조건이 달라도 다르게 대우할 필요가 없다면 어떨까요?

남자와 여자가 달리기 경기를 하면 대개 남자가 이기지만, 둘 다 자동차를 타고 달린다면 남녀의 차이는 의미가 없어집니다. 마찬가지로 근력을 보강해 주는 웨어러블 로봇의 개발이나 신변의 위협을 걱정할 필요가 없는 치안 시스템의 고도화는 타고난 차이가 차별로 이어질 가능성 자체를 차단해 서로가 서로에게 날을 세우는 탓에 낭비되는 자원을 획기적으로 줄여 줄 겁니다. 시스템을 바꾸는 것, 그것이 앞으로 인류가 풀어내야 할 가장 중요한 문제일지도 모릅니다.

17.
부담과 선택권의
중심 잡기

여름날의 산책은 소리가 함께합니다. 선선한 공기가 아직은 기분 좋은 아침, 맴맴 하는 매미들의 소리가 귀청을 따갑게 울립니다. 한낮의 열기가 남은 여름밤에는 개구리들의 합창이 귓전에 맴돕니다. 한꺼번에 여러 마리가 울어대니 도무지 어디서 소리가 나는지조차 모르겠습니다. 매미와 개구리의 합창은 한여름을 떠올리게 하는 대표적인 소리입니다. 이들의 울음은 제법 시끄럽지만 다행히 그리 길게 이어지지는 않습니다. 이들이 그토록 큰소리로 울어대는 이유는 단순하지만 간절합니다. 그들에게 주어진 길지 않은 삶 속에서 어서 짝을 찾아 후손을 남기라는 유전자의 명령에 충실한 결과일 뿐이죠. 주로 울어대는 쪽은 수컷입니다.

자연계의 기본 번식 전략은 경제성입니다. 즉 투자를 더 많이 하는 쪽이 더 신중한 편이죠. 이성(異性)을 두고 치열하게 경쟁하거나 자신을 어필하려고 기를 쓰는 쪽이 대개 수컷인 것은 그들이 번식에 투여하는 에너지가 더 적기 때문입니다. 애초에 유성 생식을 하는 개체군에서 암컷과 수컷을 구분하는 기준은 더 크고 더 많은 영양분을 포함한 생식 세포(난자 또는 알)를 만드느냐, 작고 유전 물질만 포함된 생식 세포(정자)를 만드느냐에 달려 있습니다. 난자(알)를 만드는 쪽이 암컷, 정자를 만드는 쪽이 수컷입니다. 즉 암컷이 번식과 관련해 더 많은 투자를 하고 실패하면 잃을 게 많은 거죠. 그러니 좀 더 신중해지는 건 당연한 결과입니다.

이는 성별에 따른 것이 아니라 어디까지나 투입 자원의 상대적 비율에 대한 것이어서, 번식 과정에서 암컷이 만든 커다란 난자(알)에 들어가는 자원보다 수컷이 투자한 전체적인 자원이 더 크다면, 번식에 있어서 선택의 권리는 수컷에게 돌아갑니다. 포유류처럼 암컷이 임신과 출산과 수유를 책임지는 생물들뿐만 아니라, 어류나 곤충처럼 잠시 만나 생식 세포만 체외 수정하고 헤어져 버리는 종들에게서도 수컷이 구애에 더 적극적인 경우가 많은 건 이 때문입니다.

2010년, 브라질의 건조한 동굴 속에서 발견된 작은 곤충인 네오트로글라(Neotrogla curvata)는 매우 특이한 번식 습성으로 발견자들의 눈길을 끌었습니다.[1] 지노솜(gynosome)이라 이름 붙은 네오트로글라 암컷의 성기는 얼핏 보면 수컷의 페니스를 닮았으며 실제 기능도 비슷합니다. 번식기에 들어선 암컷은 수컷을 발견하면 그들의 몸에 올라타 구멍을 뚫고 지노솜을 삽입하는 방식으로 짝짓기를 시도하거든요. 이들의 짝짓기는 이틀에서 사흘로 길게 이어지는데, 이 시간 동안 떨어지지 않기 위해 미늘 구조를 가진 암컷의 지노솜은 수컷의 몸에 단단히 결합됩니다. 이 결합이 어찌나 단단한지 연구자들이 짝짓기 중인 네오트로글라를 억지로 분리하려고 시도했더니 수컷의 몸이 동강 나 버릴 정도였다고 합니다. (불쌍

한 수컷 네오트로글라!)

네오트로글라가 이렇게 성별이 반전된 짝짓기를 하는 것은 먹이와 물이 부족한 척박한 동굴 환경 속에서 네오트로글라 암컷이 알을 만들기 위한 영양분을 얻는 가장 효율적인 원천이 바로 수컷의 몸이기 때문입니다. 수컷 네오트로글라는 자신이 만든 정자를 아주 영양분이 풍부한 정액 주머니에 넣어 보관합니다. 암컷은 수컷의 몸에 달라붙어 생식기를 삽입하고는 수컷의 정자와 농축된 영양액을 함께 빨아들입니다. 이 영양액은 알을 완성하는 데 중요한 자원으로 사용되지요. 즉 암컷은 정자에 비해 커다란 알을 만들기는 하지만 이 알을 만드는 자원의 상당 부분을 수컷으로부터 얻는 겁니다. 수컷이 정자와 영양액을 만들기 위해 투입하는 자원은 암컷이 알을 만드는 데 쓰는 자원에 비해 더 큽니다. 그렇기에 네오트로글라의 경우에 번식기에 더 적극적으로 경쟁하는 쪽은 암컷이며, 더 수동적으로 까다롭게 구는 쪽은 수컷입니다. 자연계에서 암수는 매우 훌륭한 경제학자들인 셈이죠.

다시 여름밤 합창의 주인공인 개구리들로 돌아와 봅시다. 번식에 따른 투자 규칙에 따라 개구리의 짝짓기 선택권은 암컷에게 있습니다. 적극적인 구애 공세를 펼치는 쪽은 수컷입니다. 그런데 수컷에게는 딜레마가 하나 있습니다. 바로 언제부터 울어야 하냐는 거죠. 보통 생태계 먹이사슬에서 개구리처럼 피식자의 그룹에 속한 종들은 자신을 적극적으로 드러내는 걸 피하곤 합니다. 천적이 어디 있는지 알 수 없는 마당에 내가 어디 있는지 적극적으로 드러낸다는 건 그야말로 날 잡아먹으라는 광고와 다를 바가 없기 때문입니다. 하지만 짝짓기 철이 되면 상황이 복잡해집니다. 가만히 숨어만 있으면 천적도 날 찾기 힘들겠지만 암컷 역시도 자신을 돌아봐 주지 않을 것이기 때문입니다.

　유전자의 명령은 개체의 생존과 후손의 번식이라는 이중 과제를 모두 수행할 것을 요구하기에 수컷은 딜레마에 빠집니다. 개굴개굴 큰소리로 힘차게 울어대면 암컷에게 자신의 매력을 과시할 수 있겠지만, 연못가 어딘가에서 어슬렁거리고 있을 천적들에게도 자신의 위치를 노출하는 격이 될 테니까요. 여간 난처한 일이 아닙니다. 그래서 수컷 개구리들은 포식자의 눈길은 피하면서 이성에게는 어필하는 전략을 발전시켰습니다. 뭐냐고요? 바로 모두 다 한꺼번에 우는 겁니다.

　홍난파 작곡의 동요 「개구리」에는 "개굴개굴 개구리 노래를 한다, 아들 손자 며느리 다 모여서"라는 구절이 나오는데 정확히 말하자면, 아들 손자 가릴 것이 없이 수컷들이 일제히 우는 겁니다. 하지만 개구리라고 해서 텔레파시가 통하는 것이 아니기 때문에 누군가 제일 처음 나서서 "시작!"을 외쳐 주는 존재가 필요합니다. 이 '최초의 개구리'가 울기 시작하면 마치 약속이라도 한 듯이 여기저기서 개구리들이 울음을 보태 순식간에 연못 주변은 개구리 울음소리로 꽉 찬 듯 느껴집니다.

　수컷 개구리들의 개구리들의 선창과 합창에서, 선창을 담당하는 개구리가 노리는 것은 '선행음 효과'입니다. 여러 소리가 한꺼번에 뒤섞이는 경우, 이들의 소리를 듣는 제3자의 입장에서는 처음 들린 소리에만 집중하고 이후의 소리는 무시하는 선행음 효과가 나타납니다. 거리를 걷다가 우연히 좋아하는 노래가 들려오면 순간 그 노래에만 신경이 집중되어 나머지 배경음이 희미해지는 경험을 해 보셨을 겁니다. 그래서 최초의 개구리의 울음 소리는 가장 선명하게 기억될 수 있습니다. 하지만 그만큼 위험한 일이죠. 그래서 나머지 개구리들은 선창 소리가 들리는 즉시, 합창을 시작합니다. 늦지 않게 합류해야 그나마 소리를 전달할 수 있는데다가, 선창은 아니기에 그만큼 상대적으로 안전해 마음 놓고 한꺼번에 합창을 할 수 있게 되죠.[2]

물론 암컷들도 가장 먼저 울기 시작한 수컷에게 관심을 보입니다. 하지만 암컷들이 이것만 고려한다면 수컷들은 다소 위험하더라도 앞다투어 울려고 할 겁니다. 하지만 암컷은 그렇게 단순하지 않습니다. 당연히 암컷에게도 선행음 효과가 적용될 테니 가장 먼저 울기 시작한 수컷의 소리가 가장 매력적으로 다가올 겁니다. 하지만 그 소리를 따라가면 수컷뿐 아니라 천적을 만날 확률도 높아집니다. 그러니 암컷들도 선택을 해야 합니다. 가장 매력적인 소리를 따라가서 위험을 감수할 것이냐, 다른 소리들에 한 번 더 귀를 기울여 볼 것이냐.

생태학자들이 관찰한 바에 따르면, 암컷들은 후자의 전략을 선택하는 경우가 많다고 합니다. 선행음 효과가 암컷에게는 절대적이지 않다는 거죠. 이 과정에서 가장 억울한 것은? 바로 맨 처음 울기 시작한 수컷 개구리입니다. 기껏 위험을 무릅쓰고 앞장섰는데, 암컷들조차 자신을 반드시 선택해 주지는 않으니까요. 그래서 짝짓기 철이 되면 수컷 개구리들 사이에서는 치열한 눈치 싸움이 벌어집니다. 누군가 먼저 울어야 맘 편하게 울어댈 덴데 선뜻 나서기가 어려우니까요. 하지만 지나치게 눈치만 보면 암컷들이 이 연못에는 수컷들이 살지 않는 줄 알고 다른 곳으로 떠나버릴 테니 기껏 기다린 보람이 사라지게 됩니다. 결국 가장 성질 급한(혹은 아차 실수한) 개구리의 첫울음을 시작으로 개구리들의 여름밤 합창이 시작됩니다.

최근 젊은 층을 중심으로 해 젠더(gender) 갈등이 점점 더 극심해지는 모습이 보입니다. 논란 거리가 있다 싶으면 의미 없는 설전도 아주 짧은 시간 안에 극심하게 증폭되는 과정을 보면서 처음에는 어이없어했다가 차츰 분노가 쌓이다가 종국에는 슬퍼졌습니다. 그때 문득 짝짓기를 둘러싼 자연의 보편적인 현상이 떠올랐습니다.

인간은 개구리처럼 번식하지도, 네오트로글라처럼 접근하지도 않습니다. 여전히 생물학적 번식의 부담은 여성의 몸에 국한되어 있지만, 인간 사회에서 자식을 경제적, 물질적 자원으로 부양해야 하는 책임은 남성에게 더 무겁게 지워져 있습니다. 그래서 인간 사회에서 반려를 만난다는 일은 매우 복합적인 일이 됩니다. 문제는 전자의 부담은 그대로인데 후자의 부담은 사회가 변화하면서 그 상대적 무게가 점차 줄어들고 있다는 겁니다. 이 과정에서 문제가 생깁니다. 부담을 더 지는 만큼 결정권을 더 가진다는 단순한 경제적 전략이 더 이상 간단하지 않게 된 거죠. 남녀는 서로가 더 손해를 본다고 생각합니다.

생물학적 부담이 지나치게 편향적이라고 생각하는 여성들은 여기서 더 이상의 부담을 짊어지는 것을 거부하고 더 많은 선택권이 주어져야 한다고 주장하고 있으며, 그동안 물질적, 사회적 부담(경제적 부양 의무, 국방의 의무 등)을 전적으로 짊어져 왔다고 생각하는 남성들은 여전히 부담은 그대로인데 선택권도 줄어들었다고 불평합니다. 게다가 자신이 더 많이 희생'당'하고 있다고 생각하는 분야의 접점도 갈수록 줄어드니 갈등은 점점 더 심화되고 있습니다. 게다가 이건 우리나라만의 현상도 아닙니다. 최근 전 세계 많은 나라에서 특히나 젊은 층의 젠더 갈등은 점점 더 심화되고 있습니다.[3]

여기서 잠시 숨 고르기를 해 봅시다. 이 문제를 현명하게 조율하기 위해 필요한 것은 내가 지금껏 이만큼 손해 봤으니 너도 이만큼 당해 봐야 한다는 함무라비식 복수심이 아니라, 내가 겪어 보니 이만큼 힘들더라, 그러니 굳이 겪지 않아도 될 일을 회피할 방법이 없을지 살펴보자는 선행자의 배려심입니다.

내 다리가 부러져서 아프니 네 다리도 부러져 봐야 한다고 덤비면 결국 둘 다 자리에 주저앉아 같이 지쳐서 굶어 죽어 갈 뿐입니다. 내가 다리가 부러지면 많이 아프고 힘들다는 것을 이미 겪었으니, 가능한 다음에는 너와 나는 물론이고 다음 사람도 모두 다리를 다치지 않도록 대책을 강구해 보는 것이 인간이라면 당연히 선택해야 할 길이겠지요. 우리는 '생각'을 할 줄 아는 인간이니까요.

18.
남녀의 본성

쌍둥이를 임신했을 때의 일이었습니다. 당시 다니던 병원은 정부의 지침을 엄격하게 준수하여 아기들의 성별을 알려주지 않는 곳으로 유명했습니다.[1] 고위험 임신으로 2주에 한 번씩 피 검사를 하러 병원에 갔음에도 불구하고, 임신 중반기가 넘도록 아이들의 성별을 알려주지 않았습니다. 첫 아이 때는 이 기다림이 그다지 답답하지 않았습니다. 오랜 기다림 끝에 찾아온 아기라 기다리는 것조차도 즐거웠으니까요. 마치 선물 상자를 열기 전 두근거리는 마음이라 할까요.

하지만 쌍둥이 때는 조금 불안했습니다. 임신 32주면 이미 단태아 만삭보다 배가 무겁기에 출산 준비물을 준비하러 다니기도 힘든데다가, 쌍둥이는 조산 위험도 커 그때는 너무 늦다는 생각이 들었거든요. 실제로 단태아의 만삭은 임신 40주가 기준이지만, 쌍둥이는 임신 38주, 세쌍둥이는 임신 36주로 짧게 잡고 있음에도 불구하고 왜 고지하는 시간은 동일한지 의문이 들었습니다. 법령이 의학을 따라잡지 못한다는 불평이 절로 나왔습니다. (저 같은 사람들이 많았던 걸까요? 2024년 2월 기준으로 의료법 20조 2항, 즉 임신 32주 전 태아 성별 고지 금지가 헌법 재판소에서 위헌 판결을 받았기에 이제는 사라지거나 개정될 예정이므로 앞으로는 이런 일은 없겠죠.)

하지만 엄마의 이런 마음을 알았는지 임신 20주 즈음, 정밀 초음파를 찍은 날, 비전문가인 제가 보기에도 쌍둥이들은 너무도 뚜렷한 특징을 보여 주어 걱정을 덜어 주었습니다. 두 아이의 성별이 다르더군요. '남매둥이'라니. 주변에 한꺼번에 아들과 딸을 모두 얻게 되었다는 이야기를 전하자 지인들은 저마다 축하 인사를 전하며 자신들의 경험담을 들려주었습니다. 대개는 이런 말들이었죠.

"어머나, 잘 됐다. 둘 다 한꺼번에 키우니 얼마나 좋아. 아들들은 호기심도 많고 에너지가 넘쳐서 어찌나 사고를 치는지. 하지만 몸은 힘들어도 기분 맞춰 주기 편해서 감정 노동은 덜 해서 키우긴 편해. 커 가면서 든든한 맛도 있고 말이야. 딸들은 감정적이고 예민해서 말 한마디 잘못했다가는 완전히 삐져서 달래 주느라 진이 다 빠지지만, 그만큼 눈치도 빠르고 야무져서 손이 훨씬 덜 가더라. 나중에 엄마 힘들 때 와서 위로해 주는 건 딸밖에 없어."

이 글을 쓰고 있는 2025년 2월 현재, 전 세계 인구는 약 82억 556만 명에 달했지만,[2] 그 많은 사람 중에 나와 동일한 사람은 하나도 없습니다. 그렇다면 나를 나답게 만들고, 남과 다르게 만드는 나만의 특성은 어디서 비롯되는 것일까요? 이 문제는 아주 오랫동안 사람들을 궁금하게 하는 문제였습니다. 나의 성격과 취향과 태도와 사고 방식은 타고나는 것일까요, 학습되는 것일까요?

이미 19세기에 영국의 생물학자 프랜시스 골턴(Francis Galton, 1822~1911년)은 인간의 고유한 속성에 미치는 영향을 설명하기 위해 본성과 양육(Nature vs Nurture)이라는 용어를 제시했습니다.[3] 그렇다면 선천적으로 타고난 유전적 혈통과 후천적으로 주어진 양육적 태도는 인간에게 얼마만큼이나 영향을 미치는 것일까요? 골턴은 쌍둥이 비교 연구를 통해 환경보다는 유전적 혈통이 미치는 영향이 더 크다고 결론 내리며, 훗날 악명을 떨친 우생학의 창시자가 되었습니다.

지금도 여전히 논란이 되고 있긴 하지만 19세기 말과 20세기 초 사이는 인간의 본성이 유전인지 환경인지를 두고 치열한 논쟁이 벌어진 시기였습니다. 모든 것이 혈통에 따라 정해져 있으니 우수한 유전 인자를 가진 사람만 살아갈 당위성이 있다고 주장하며 수많은 이들을 희생시킨 히틀러 같은 끔찍한 우생학 신봉자들도 나왔고, 어떤 아이든지 조건 학습을 통해 자신이 마음먹은 대로 조절하고 키울 수 있다는 말을 호기롭게 내뱉으며 여러 아이의 어린 시절을 불행하게 만들었던 존 브로더스 왓슨(John Broadus Watson, 1878~1958년) 같은 극단적 행동주의자들도 나왔습니다.

섣부른 논쟁과 행동이 야기한 수많은 희생을 통해 인류가 겨우 알아낸 사실은 본성이든 양육이든 어느 하나만으로는 결정타를 날리지는 못한다는 사실이었습니다. 유전 형질이 비슷한 경우(같은 부모의 아이들이 서로 다른 부모에게로 입양되는 경우)에는 환경의 영향이 개인의 특성에 더 많은 영향을 미쳤고, 환경이 균질한 경우(서로 다른 혈통의 아이들이 같은 집에 입양되는 경우)에는 타고난 유전 형질에 따라 같은 양육과 교육의 기회를 다르게 발전시켜 나가는 것을 볼 수 있었다는 겁니다.[4] 유전이든 환경이

든 어느 쪽도 결정타가 되지 못한다는 결론은, 오히려 인간 아이의 양육에서 학습의 중요성을 강조하게 됩니다. 이미 태어난 아이의 유전자는 손댈 수가 없지만, 환경이라면 개선할 수 있으니까요.

모든 아이는 서로 다른 피부색을 가지고 태어납니다. 그리고 분명 그 피부색은 아이가 자라면서 확립할 정체성에 많은 영향을 미칠 겁니다. 그로 인해 더 불편한 점도 있을 것이고, 더 부당한 일도 겪겠죠. 하지만 그렇다고 피부색을 바꾸는 건 거의 불가능합니다. 그건 우리 유전자에 새겨진 생물학적 특성이니까요. 하지만 이런 불편함과 부당함은 상당 부분 과학과 제도의 힘으로 해소할 수 있습니다. 밝은 색의 피부는 자외선에 약해 피부암 발생 위험이 크고, 짙은 색의 피부는 비타민 D 결핍이 생길 위험성이 높습니다. 과학은 효과적인 자외선 차단제와 비타민 D 보충제를 개발했고, 이를 적절히 사용하면 타고난 피부색이 지닌 불편함을 줄일 수 있습니다. 피부색에 따른 편견이나 차별 역시도 지속적인 교육과 법령 확립 등의 제도적인 방법으로 그 격차를 줄일 수 있습니다. 타고난 다름을 바꿀 수 없다고 해도 그것이 삶의 불편함이 되지 않도록 보완하고 최소화하는 것은 가능합니다. 이처럼 인간에게 본성과 환경이 모두 영향을 미친다는 사실을 재확인한 것은, 과학과 기술의 발전과 제도와 인식의 재정비로 인류가 겪었던 많은 불편과 갈등을 해소할 수 있다는 희망이 되었습니다.

갓난아기가 한 사람의 성인으로 자라나는 과정에서 형성되는 외적이고 내적인 특성들은 아이의 타고난 유전적 특질과 아이를 둘러싼 가정과 공동체가 제공하는 환경의 복합적 결과물이라는 사실은 이미 진리가 되었습니다. 하지만 유독 이런 균형 잡힌 시각이 아직도 제대로 자리 잡지 못하는 분야가 있습니다. 바로 남녀의 생물학적 특성으로 인한 차이를 바라보는 시각입니다. 사냥꾼과 채집자, 공격자와 수용자, 마르스와 비너스로 대표되는 남녀 본성의 차이에 대한 시각은 여전히 우리에게 너무나 익숙합니다.

물론 남녀는 같지 않습니다. 애초에 염색체 구성부터 다르고, 그로 인한 신체적 특질에도 차이가 있습니다. 실제로 아들과 딸을 동시에 키우면서 경험한 입장에서도 아들과 딸은 아이 때부터 차이가 나는 건 사실입니다. 하지만 차이가 난다고 해서 거기서 발생하는 결과들을 그대로 받아들이는 건 또 다른 문제입니다.

인간은 포유류의 일종이며 사회성 동물입니다. 오랜 세월 여성의 몸에서만 이루어질 수 있었던 임신과 출산과 수유의 유전적 특질은 집단 사회를 이루며 사는 인간의 특성과 맞물려, 정복자 남성과 수용자 여성의 구도를 만드는 데 결정적인 역할을 한 것은 사실입니다. 하지만 그것이 '남자라서 참을 수 없는'이라든가 '여자라서 견뎌야만 하는'이라든가 하는 정당화로 이어지는 것은 문제가 있을 수밖에 없습니다.

인류의 역사란, 우리가 그저 견뎌야만 했던 운명과 시련을 기술과 제도와 인식의 개선으로 극복해 왔던 과정이지 않던가요? 그러니 남녀의 차이를 인정하는 것을 넘어서, 그것을 각각의 '잘못된' 행동에 대한 정당화의 근거로 사용한다는 것은 인류 문명의 긍정적 발전 과정을 정면으로 부정하는 것에 다름 아닙니다.

우리는 각각의 유전적 차이를 인정하는 데는 긍정하지만 그건 어디까지나 차이가 다양성의 일부로 존재할 때만이라는 상한선을 긋습니다. 물리적, 생물학적, 개인적 차이가 차별이라는 사회적 악행으로 변질된다면, 우리는 그것을 막는 게 인간성을 지키는 길이라고 우리는 배웠습니다. 타고난 피부색의 차이가 개인의 특성이 아니라, 차별의 요소로 받아들여진다면 이에 저항하는 게 윤리적으로 옳다고 말이죠. 유전적 차이는 인정해야 합니다만 유전적 차이를 단지 인정하기만 하고 일련의 결과들을 모두 수용한다면, 이는 오히려 엄청난 폭력적 차별이 될 수도 있다는 것도 인지해야 합니다.

1989년, 러셀 클라크(Russell D. Clark)와 일레인 햇필드(Elaine Hatfield)라는 두 학자가 혈기 왕성한 대학생들을 대상으로 실험을 한 적이 있습니다.[5] 매력적인 남녀 보조 연구자들을 시켜 캠퍼스 안에서 무작위로 선택된 이성에게 접근하여 호감을 산 뒤, "① 나랑 데이트할래? ② 우리 집에 갈래? ③ 나랑 잘래?" 묻게 한 거죠. 그 결과, 데이트 신청의 경우(해당 연구 보조원들이 매력적이었던 관계로) 남녀 차이 없이 절반 정도가 긍정적인 답변을 보였으나 집으로 초대하는 것과 하룻밤 관계를 요구할 때는 남녀의 답변이 엄청나게 차이를 보였습니다. 짐작대로 남성들은 이 돌발적인 제안에도 상당수가 긍정을 표했지만, 여성은 매우 부정적으로 답했습니다. 이 연구 결과는 30년이 넘도록 여러 나라에서 비슷하게 변주되면서 남녀 성적 행동의 차이, 혹은 남성의 적극적인 성적 행동을 설명하는 근거로 사용되었죠.

그런데 이에 대해서는 다른 시각도 있습니다. 영국의 심리학자 코델리아 파인(Cordelia Fine)은 여기서는 세 번째 질문이 아니라 첫 번째 질문에 주목해야 한다고 말합니다.[6] 처음 보는 이성이 데이트 신청을 했음에도 같은 제안을 받은 남성들과 거의 비슷한 비율로 여성들도 동의를 한 것 말이죠. 다시 말해 여성들도 이성들과의 새로운 만남을 반기고, 더 깊은 관계로 발전하고 싶어 하는 마음만큼은 남성들만큼 열려 있다는 겁니다. 여기서 숨겨진 변수는 사회가 여성과 남성들의 성적 일탈을 바라보는 데 다른 잣대를 적용한다는 겁니다. 여성의 경우, 이런 성적인 제안을 받아들였을 때 부정적 평판이나 사회적 낙인을 떠안을 위험성이 크므로 선뜻 받아들이기 어려울 수 있는 반면, 또래 남성들은 오히려 반대의 사회적 압력에 노출되어 있다는 거죠.

남성들의 하룻밤 제안에 대한 높은 긍정 비율은 성적 일탈에 대한 본능적 욕구가 높아서라기보다는 오히려 그토록 매력적인 이성의 제안을 거절했을 경우 주변 사람들의 비웃음이나 놀림을 받을 가능성이 더 크기에 일단 "예스."라고 대답했을 가능성이 크다는 말입니다. 정말로 하룻밤을 같이 보낼지, 실제로 어떤 행동을 할지보다는 일단 자신은 이런 섹시한 일탈을 적극적으로 수용하는 마초적 남성임을 보여 주어야 한다는 사회적 압력이 더 크다는 거죠.

이렇게 본다면 남녀의 차이를 극명하게 드러낸 건 그들이 타고난 유전적 특성이라기보다는 사회적 잣대의 차이에서 비롯된다고 말할 수 있습니다. 타고난 차이를 인정하는 건 중요합니다. 하지만 그 차이로 인해 모든 것이 결정된다고 생각하는 건 다른 문제랍니다.

19.
좋은 손 나쁜 손
이상한 손

첫아이를 낳던 순간의 기억은 이제 희미합니다. 그 후 이어진 열 몇 해의
시간의 흐름과 인구 증가를 위해 진화 과정이 준비했다는 출산 후 망각
호르몬 탓일까요? (망각 호르몬이란, 출산 시 분비되어 산고의 고통을 잊게 해 준
다는 물질들의 통칭입니다. 산고를 생생하게 기억한다면 둘째를 낳는 이들의 비율이
0에 수렴할 것이므로 필요하다고 하는데, 구체적으로 밝혀진 것은 아닙니다. 하지만
많은 여성이 출산 전후로 건망증과 기억 저하가 심해진다고 토로하곤 합니다.) 하지
만 그 순간 느꼈던 감각의 기억 한 조각은 지금도 생생하게 떠오릅니다.
제가 출산을 한 병원은 '르봐이예 분만법(Leboyer technique)'[1]을 실시하는
곳이라, 아기가 태어날 때 아기가 눈부시지 않도록 조명을 최소한도로 낮
추어 분만실은 어두컴컴했고, 사람들은 거의 말을 하지 않아 조용했습니
다. 아기가 태어나면 스스로 안정적인 호흡을 할 때까지 탯줄을 끊지 않
고 기다려 주고, 이후 아기는 미리 따뜻한 물을 받아 둔 아기 욕조에 넣어

엄마 곁으로 데리고 왔습니다.

간호사가 아기를 씻기는 동안 엄마와 아빠가 아기의 양손을 하나씩 잡고 있으라 했습니다. 사실 엄마와 아빠가 아기의 손을 잡는다기보다는, 아기 쪽에서 엄마와 아빠의 손가락을 붙잡고 있다는 것이 맞는 표현일 듯합니다. 그때 제 손끝에 느껴지던 그 감각은 아마도 죽을 때까지 잊히지 않을 것 같습니다. 조금 세게 잡으면 살점이 밀리는 게 아닐까 걱정될 정도로 연약하고 몽글몽글한 피부를 가진 아기가, 고사리순보다도 가느다란데도 손톱과 마디의 주름까지 완벽하게 갖춘 작은 손가락이, 갓난아기의 그것이라고는 예상할 수 없을 만큼 강한 악력으로 제 손가락을 꽉 쥐고 있었습니다. 아기의 조그만 손이 제 손끝을 잡았을 때, 우리는 이제 정말로 하나로 이어졌다는 생각이 들었습니다.

그로테스크한 사진과 삽화가 많이 나오는 해부학 및 신경학 책에서도 가장 오래도록 기억되는 이미지는 호문쿨루스(Homunculus)였습니다. 원래 호문쿨루스란 '작은 사람'을 의미하는 라틴 어에서 유래된 말로, 정자 속에 담긴, 장차 인간이 될 작은 '씨앗' 인간을 의미하는 말이었습니다. 하지만 당연히 정자 속엔 그런 건 없었고, 이제 호문쿨루스라는 단어는 신경 해부학에서 대뇌피질이 신체에서 관장하는 부분의 비율에 따라 인체의 비율을 재구성한 모형을 가리키는 대뇌피질 호문쿨루스(Cortical homunculus), 또는 펜필드의 호문쿨루스(Homunculus of Penfield)에 쓰이고 있습니다. 신경 해부학적 호문쿨루스는 두 가지 버전이 있는데, 감각의 민감도를 표현하는 감각 모형(sensory model)과 세밀한 조절 능력을 나타내는 운동 모형(motor model)이 그겁니다. 하지만 두 버전의 차이는 그저 손의 크기가 조금 더 크고 작은 것밖에는 없어 보입니다. 물론 어떤 버전을

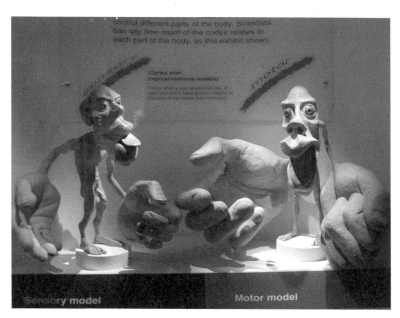
대뇌피질 호문쿨루스의 감각 모형과 운동 모형.

봐도 보이는 건 손밖에 없지만 말입니다.

　육안으로 보기엔 손이 인체에서 차지하는 비율은 기껏해야 2퍼센트 정도지만, 우리 대뇌피질의 감각 신경과 운동 신경은 절대적으로 손을 편애합니다. 민감하다고 여겨지는 성기와 입술조차도 손에는 비할 바가 못 됩니다. 타인에게 간지럼을 태워 달라고 해 보고, 가장 간지럽게 느껴지는 부분에 직접 간지럼을 태워 보세요. 아마 대부분 자신이 만질 때는 훨씬 덜 간지럽게 느껴질 겁니다. 타인이 내 팔을 쓰다듬을 때는 접촉하는 피부의 감각에 집중할 수 있지만, 손으로 쓰다듬을 때는 손이 뇌에서 차지하는 비중이 워낙 커서 손의 감각이 먼저 느껴지기에 간지럼이 덜느껴집니다. 움직임은 또 어떤가요? 우리 몸 전체의 뼈는 약 206개(성인 기준)인데, 이중 4분의 1에 해당하는 54개의 뼈가 손에 몰려 있습니다. 그래서 손은 물건을 잡고 쥐고 누르는 간단한 동작뿐 아니라, 글쓰기, 바느질하기, 세공하기처럼 다양하고 복잡한 동작들마저 세밀하게 조절할 수 있답니다.

이상희와 윤신영의 공저인 『인류의 기원』의 한 챕터에서는 인간이 지금처럼 커다란 뇌를 가진 영장류가 될 수 있었던 건 손을 이용해 새로운 먹잇감을 찾아낼 수 있었기 때문이라고 합니다.[2] 출력이 있으려면 입력이 있어야 합니다. 현생 인류의 뇌가 고인류들의 것보다 3배 이상 커지기 위해서는 이 커다란 뇌를 만들 영양분이 필요합니다. 안타깝게도 사람은 식물처럼 스스로 광합성을 하지 못하니 이를 오로지 먹어서 충당해야 하는데, 자연에서 먹거리란 내가 더 먹고 싶다고 해서 구할 수 있는 게 아닙니다. 자연에는 식당도 마트도 하다못해 편의점이나 자판기조차 없으니까요. 자연 상태에서 먹을 것을 구하기가 쉬웠다면, 우리의 몸은 결코 지금처럼 악착같이 지방을 몸에 저장하도록 진화하지 않았을 겁니다. 그러니 뇌가 커지기 위해서는 기존에 먹던 것들을 훨씬 더 많이 먹거나, 기존에 먹지 않았던(혹은 못했던) 다른 먹거리를 구해서 먹어야 합니다. 이때 고인류에게 결정적인 도움을 준 게 바로 '손'입니다.

고인류는 직립 보행을 했기에 손이 자유로웠고, 이 자유로운 손으로 돌을 들어 커다란 포식자들이 먹다가 두고 간 커다란 동물 사체에서 뼈를 쪼개고 머리뼈를 쪼개 골수와 뇌수를 취할 수 있었습니다. 넙다리뼈(대퇴골)같이 긴 뼈에 들어 있는 골수는 혈액 세포를 만드는 조직이기에 영양분이 풍부했고, 뇌 조직은 지방 성분이 가장 많은 함량을 차지(물론 물은 제외하고 말입니다.)하기에 매우 훌륭한 영양 공급원이 되어 주었습니다. 처음에 등장했을 때는 초등학교 1, 2학년 정도의 체격과 작은 뇌 부피를 지녔던 고인류들은 이를 통해 잉여 열량과 영양분을 얻었고, 차츰 체격과 뇌의 부피를 키우면서 점차 지금의 현생 인류와 비슷하게 성장할 수 있었다고 합니다. 결국 '제 손을 써서 벌어먹을 수 있었던' 우리 조상의 특성이 지금의 우리를 있게 한 근본 바탕이 되었다고 할 수 있습니다.

인간은 손을 이용해 스스로의 운명의 개척해 지금까지 일구어 왔습니다. 인간은 손을 이용해 나무 열매를 따고 사냥감을 잡고 잘 익은 작물들을 거두어들였습니다. 인간은 손으로 집을 짓고 밭을 일구고 성을 쌓고 길을 닦았습니다. 인간은 손을 놀려 도구를 만들고 문자를 새기고 기계를 만들고 기술을 발전시켰습니다. 하지만 한편에서 인간은 손을 써서 스스로의 인간성을 말살시키기도 했습니다. 존재하는 것을 부수고 누군가를 상처 입힐 때에도 손은 제 몫을 너무나도 잘해 냈으니까요. 인류가 스스로의 손에 피를 묻히는 일이 어디 한두 번이던가요.

얼마 전 우연히 손을 다룬 기사를 하나 접했습니다. 회식 자리에서 허락 없이 부하 직원의 손을 잡고, 상대의 분명한 의사 표시에도 불구하고 잡은 손을 놓지 않아 강제 추행 혐의로 재판에 넘겨진 상사에게 무죄 판결이 내려졌다는 것이었습니다.[3] 법원의 판결 근거는 "손은 성적 수치심을 불러일으키는 신체 부위가 아니며" 법전에 명시된 강제 추행의 행위는 "특정 행위 자체가 성욕의 흥분, 자극 또는 만족을 목적으로 하는 행위로서 건전한 상식이 있는 일반인이 성적 수치심이나 혐오의 감정을 느끼게 하는 것이라고 볼 만한 징표를 가지는 것이어서 폭행 행위와 추행 행위가 동시에 피해자의 부주의 등을 틈타 기습적으로 실현된 것이라고 평가할 수 있어야 한다."라는 것이었습니다.

이 판결을 보고 갑자기 명치 끝이 꽉 짓눌리는 듯한 느낌이 들었습니다. 인터넷을 조금만 뒤져 봐도 흔히 성적 수치심을 불러일으킬 수 있다고 명시된 신체 부위가 아니더라도, 신체의 그 어떤 부분에도(심지어 신체 그 자체가 아닌 부산물에도) 성욕을 느낀다고 고백하는 이들로 넘쳐납니다. 그리고 애초에 이것은 신체에서 성적인 것과 연관 지을 수 있는 부위가 문제가 아니라, 싫다는 의사를 분명히 밝혔는데도 손을 잡고 놓아 주지 않았다는 행위가 문제입니다. 상대가 싫다는데, 상대의 몸을 만지거나 잡고 놓아 주지 않았다면, 이는 '강제적 물리력의 행사'임에 틀림없을 텐데, 그 부위가 손이라는 이유로 '강제'보다는 '추행'에 방점을 찍은 판결이 어쩐지 석연치 않습니다. 만약 부위가 단지 손이어서 문제가 되었다면, 그들에게 호문쿨루스를 보여 주고 싶습니다. 손이 얼마나 많은 것을 할 수 있고, 얼마나 많은 것을 지각할 수 있는지 알 수 있겠죠. 어쩌면 피해자가 손으로 느꼈을 감각은 아마도 매우 오랫동안 뇌리에 남아 끔찍한 기억으로 저장될 가능성이 클 텐데 말입니다.

그런데 이 글을 쓰고 다시 고치는 와중에 새로운 소식을 들었습니다. 이 사건은 2심으로 넘어갔고 상급심은 무죄를 선고한 원심을 파기하고 죄를 인정하며 벌금을 선고했다고 합니다. 상급심의 판결에서는 "피고인이 피해자의 의사에 반해 손을 잡았고, 피해자가 손을 빼려 하는데도 이에 응하지 않은 점, 피해자가 처벌을 원하는 점"을 고려해 판결했다고 밝혔습니다. 하지만 손이 성적 수치심을 일으키는 부위인지의 여부는 언급하지 않았습니다. 그래도 우리 사회가 바뀌고 있다는 생각이 들었습니다.[4]

오랜만에 아이와 함께 길을 걸었습니다. 이제는 훌쩍 커 버려 저만치 앞서가는 아이를 불러 오랜만에 손잡고 가자고 했습니다. 이제는 제 눈높이보다 높아진 아이의 눈길은 내민 엄마의 손을 슬쩍 보더니, 다행히도 거부하지 않았습니다. 그렇게 이제는 엄마의 손보다 커 버린 아이의 손을 잡고 걸으니, 내가 세상에 내어놓은 생명이, 그 작았던 손가락이 이처럼 자란 것이 새삼 벅찬 느낌이 들어서 더 손을 꼭 잡고 싶어졌습니다. 인간의 손이 그토록 예민하게 발달하고, 그렇게 정교하게 구성된 건, 바로 이런 것들이 우리의 마음을 풍요롭게 했기 때문일 겁니다.

20.
호주제 폐지와
자궁 이식

두 사람이 만나 평생 해로한다는 부부의 연을 맺는 것은 자유이지만, 이 둘이 공식적으로 서로의 배우자로서 상대에 대한 의무와 권리를 지니기 위해서는 법적으로 혼인 신고를 해야 합니다. 이 혼인 신고서를 자세히 살펴보면 흥미로운 난이 하나 있습니다. 신고서의 ④번 항목인데 "성·본의 합의 여부"로 "자녀의 성·본을 모의 성·본으로 하는 협의를 했습니까?"라는 질문에 "예/아니오"로 답하도록 되어 있습니다. 자녀의 성을 아버지의 것으로 할지, 어머니의 것으로 할지 정할 수 있는 거죠.

'가족 관계 등록 등에 관한 법률'에 따르면, 자녀에게 부모 양쪽의 성 중 하나를 골라 물려주는 것이 가능해졌습니다.[1] 그런데 성을 물려주는 방식이 그다지 공평하지는 않습니다. 혼인 신고서를 보면, 아버지의 성을 물려주는 것은 디폴트 값인 데 반해, 어머니의 성을 물려주는 것은 선택 값이며 심지어 이를 혼인 시에 동시에 신고하게 되어 있습니다.

대개 혼인 신고를 할 즈음에는 아직 아기를 가질 생각조차 안 하는 부부가 많을 텐데도 불구하고, 혼인 신고와 동시에 신혼 부부들에게 이를 결정하라고 강제하고 있습니다. 그리고 이때 "아니오"를 선택한다면, 아이는 자동으로 아버지의 성을 따르게 되며, 이후에 아이의 성을 어머니의 것으로 물려주려면 재판을 통해 정정해야 한다고 합니다. 사실 부모 양친의 성을 모두 물려줄 수 있다고 한다면 아이의 성은 아이가 태어나서 출생 신고를 하는 순간에 선택하는 게 합리적일 것입니다. 그런데 바뀐 법률에서도 여전히 성을 부여하는 방식이나 비중은 여전히 아버지 쪽에 더 두고 있음을 알 수 있습니다.

지금까지 이 지구에서 태어난 모든 인간은 여성의 몸을 통해 탄생했습니다. 과학의 발전이 제아무리 눈부시다 해도 지금도 여전히 아이는 여성만이 낳을 수 있다는 사실에는 변함이 없습니다. 그래서 여성은 지금 갓 태어난 이 아이가 자신의 아이라는 것을 한 치의 의심도 없이 받아들일 수 있습니다. 이 아이가 얼마 전까지만 해도 내 뱃속에서 꾸물거리며 태동하던 것을 보았고, 선연한 고통을 감내하고 내 몸에서 내보냈지만, 태어난 이후에도 여전히 탯줄로 내 몸과 연결되어 있던 것을 똑똑히 보았으니까요.

하지만 남성에게는 이것이 직관적이지 않습니다. 남성이 아이에게 유전자의 일부를 보태 수정란을 만든 시기와 아이가 태어나는 시기 사이에는 아홉 달이 넘는 간극이 있는 데다가, 수정란의 형성 과정을 눈으로 볼 수도 없고 몸으로 느낄 수도 없기에 지금 태어난 이 아이가 과연 자신의 친생자가 맞는지 직관적으로 판별하기는 어렵습니다. (물론 현재는 친자 확인 검사로 간단히 확인할 수 있습니다.) 그래서 전통적으로 아이에게 아버지의 성씨를 물려주는 행위는 이 아이를 자신의 친생자로 받아들여 아비로서 아이의 생존에 대한 책임과 의무를 나누어지겠다는 사회적 약속, 통과 의례 같은 것이었습니다. 탯줄이 어머니와 아이를 잇는 물리적이고 실체적인 목숨줄이었다면, 성씨는 아버지와 아이를 묶어 주는 관념적이고 추상적인 연결선이었기에, 바뀐 민법에서도 그 흔적은 여전히 남아 있는 듯합니다.

'가슴으로 낳은 아이'라는 말이 있습니다. 보통 친생자를 '배 아파 낳은 아이'라고 표현하는 데 반해서, 입양한 아이들을 의미하는 단어입니다. 하지만 자세히 곱씹어 보면 이 말은 논리적으로는 맞지 않습니다. 아이는 부모 양쪽의 유전자가 더해져 만들어지지만 아이를 배 아파서 낳은 사람은 엄마일 뿐입니다. 게다가 입양한 아이라고 해도 어떤 여성의 자궁에서 자라서 태어난, 그녀에게 있어서는 배 아파 낳은 아이임에 분명합니다. 그럼 세상의 모든 아이는 생물학적 아빠에게는 가슴으로 낳은 아이인 동시에 생물학적 엄마에게는 배 아파 낳은 자식일 겁니다. 그럼에도 불구하고 여전히 우리의 인식은 '엄마의 배를 아프게 하고 태어난 자식'이야말로 진짜 친자식이라는 것에 방점이 꽉 찍혀 있는 듯합니다.

이처럼 아이는 여성만이 낳을 수 있지만, 모든 여성이 아이를 낳을 수 있는 것은 아닙니다. 여성 중에는 태어날 때부터 자궁에 이상이 있거나 혹은 질병이나 사고로 자궁에 손상을 입어서 아이를 임신할 수 없는 여성들이 있습니다. 난소에는 문제가 없어 난자를 정상적으로 만들어 낼 수는 있다면 시험관 아기 시술을 통해 수정란은 만들어 낼 수는 있지만, 자궁이 없다면 수정란을 독자적인 생존이 가능한 수준까지 키워낼 수가 없습니다. 물론 조산아들을 케어하는 인큐베이터가 개발되었기는 하지만 인큐베이터는 어디까지나 태아 생존을 돕는 보조 기구일 뿐 자궁의 역할을 대체할 수 있는 것은 아닙니다. 그동안 태아 의학은 눈부시게 발전해서 저체중 조산아들의 생존 확률이 획기적으로 높아지기는 했지만, 여전히 재태 주수 22주 이하의 조산아의 생존 확률은 0에 수렴합니다. 그래서 등장한 방법 중 하나가 자궁 이식이었습니다.

1954년 미국의 외과 의사 조지프 에드워드 머리(John Edward Murray, 1919~2012년)는 최초로 일란성 쌍둥이 사이의 콩팥(신장) 이식에 성공해 생체의 장기들을 타인의 것으로 대체하는 것이 가능하다는 사실을 증명했고, 면역 억제제가 개발된 1980년대 이후 장기 이식은 비약적으로 발전했습니다. 현재는 콩팥은 물론이거니와 심장, 간, 허파, 이자(췌장), 소장 골수 등의 장기 내부 장기뿐 아니라, 각막, 피부, 인대, 판막, 혈관, 뼈, 연골 등의 조직과 드물기는 하지만 손발, 혹은 사지의 이식도 가능한 수준에 이르렀습니다.[2]

이론상으론 자궁이 이식의 대상이 되지 못할 이유는 없습니다. 의외로 최초의 자궁 이식 시도는 매우 이른 시기에 있었습니다. 최초의 현대적 성전환 수술을 받아 남성에서 여성으로 전환한 트랜스젠더로 알려진 에이나르 베게너(Einar Wegener) 혹은 릴리 엘베(Lili Elbe)는 1930년부터 2년 동안 총 4차례의 수술을 통해 남성 생식기를 제거하고, 여성의 난소와 자궁을 이식받는 선구적 수술을 받았습니다. 하지만 1930년대는 면역학에 대한 기본 개념조차 제대로 확립되지 않은 시절이었기 때문에, 당시에는 의사들조차도 면역 거부 반응 같은 건 고려하지 못했기에 그녀는 이식 수술의 후유증으로 얼마 못 가 사망합니다.[3] (에이나르와 릴리의 이야기는 영화 「대니쉬 걸」에서 만날 수 있습니다.)

이후 면역학적 개념을 고려한 최초의 자궁 이식은 이로부터 70년이나 지난 2002년 사우디아라비아에서 처음 시도됩니다.[4] 하지만 당시 이식된 자궁은 생착하지 못해 결국 다시 제거해야 했기에 임신으로 이어지지는 못했죠. 이식된 자궁이 임신까지 이어지는 데는 다시 10여 년의 시간이 걸렸습니다. 2011년, 선천적으로 자궁 없이 태어난 튀르키예의 20대 여성 데르야 세르트(Derya Sert)는 사망자로부터 자궁을 기증받았고, 2년 후인 2013년 드디어 임신에 성공합니다. 안타깝게도 이 임신은 출산까지 이어지지 못하지만, 세르트는 포기하지 않았고, 첫 임신 시도 이후 여러 번의 유산 끝에 2022년 드디어 세르트는 아기를 만났다고 합니다.[5]

자궁 이식을 통해 임신하고 출산까지 무사히 이어지는 것은 2014년에 들어서입니다. 스웨덴에서는 2012년부터 총 9명의 여성에게 자궁 이식을 시도했고, 그중 한 여성이 임신 31주 만에 제왕 절개로 아이를 낳았던 것이죠.[6] 자궁 이식은 아직 그렇게 보편화된 시술은 아닙니다. 2021년 말을 기준으로 전 세계적으로 약 90건의 자궁 이식이 시도되었고, 50명의 아이가 태어났습니다. 그중 하나가 앞서 언급한 세르트의 사례입니다.[7]

인터넷 검색 사이트에서 '자궁 이식'이라는 키워드를 넣으면 하면 가장 먼저, 가장 많이 뜨는 기사는 한 트랜스젠더 연예인과 연관된 겁니다. 남성에서 여성으로 성전환을 했기에 자궁을 갖지 못해 아이를 낳을 수 없는 여성에게 마치 자궁 이식이 유일한 대안인 것처럼 보도하는 기사들이죠. 우리나라에서 처음 자궁 이식이 시도된 것은 2023년 말로 아직까지 국내에서는 자궁 이식을 통해 태어난 아기는 없습니다.[8] 오히려 저는 그 기사들의 행간에서, 아기를 낳는 것은 여성만이 지닌 고유의 특징이므로 그것이 결여된 당신은 오롯한 여성이 아니라는 뉘앙스가 읽혀서 매우 불편했습니다. 게다가 그녀의 경우, 난소도 없기 때문에 설사 자궁 이식이 성공한다고 하더라도 생물학적으로 친자식을 낳을 수도 없을 테고요.

자궁 이식은 여러 가지 윤리적 이슈의 중심에 선 이식입니다. 장기 이식은 말처럼 쉬운 일이 아닙니다. 아무리 면역학적 적합성을 고려해 이식한다 하더라도, 이식을 받은 이는 아주 오랜 기간 면역 억제제를 복용해야 하며 일상 생활에서도 많은 부분에서 제약이 따릅니다. 장기 이식은 통과하기만 하면 되는 결승선이 아니라, 삶이 다할 때까지 조심조심 지나가야 하는 징검다리에 발을 들이는 것과 같습니다. 그래서 장기 이식은 이 방법 외에는 회생의 가능성이 매우 낮은 경우에만 제한적으로 시도하는 것을 기준으로 삼고 있습니다.

하지만 자궁 이식은 생존 여부와는 아무런 상관이 없으며, 임신 기간 동안에도 면역 억제제 등의 각종 약물을 사용해야 하기 때문에 태아에게 미칠 영향을 고려하지 않을 수 없습니다. 무엇보다도 단지 내 유전자를 가진 아이를 원한다면, 다소 음성적이기는 하지만 대리모라는 현실적 대안도 있고요. 그런데도 내 몸에 무리를 주고, 태아에게까지 영향을 줄 수 있는 수많은 위험성을 감수하면서까지 굳이 자궁 이식까지 해서 아이를 낳아야만 하는 걸까요?

어쩌면 우리는 여성에게 있어서는 '내 배 아파야 낳은 자식만이 진짜 내 자식'이라는 고정 관념에 짙게 사로잡혀 있는지도 모릅니다. 그렇기에 과학이 진짜로 관심을 가져야 하는 분야는 자궁 이식이 아니라, 인공 자궁일지도 모릅니다.

21.
아이의 말

언젠가 남편과 함께 엄마 혹은 아빠가 되었음을 절실하게 느낀 게 언제인지 이야기를 나눈 적이 있습니다. 아이를 임신하고 낳고 젖을 먹여 키운 엄마 입장에서야 아이를 낳기 전부터 '내 아이'라는 생각을 지속적으로 할 수밖에 없습니다. 입덧과 함께 아랫배가 당길 때, 보글보글 뱃속에서 뭔가 끓어오르는 듯한 태동이 점점 더 세져 아기의 작은 발이 느껴질 때, 배를 쓰다듬는 손길 따라 아이가 꿈틀꿈틀 움직일 때, 아이가 내 몸을 통과해 나오면서 선연한 고통이 느껴질 때, 이마에 송골송골 땀방울을 맺어 가며 열심히 젖을 빠는 아이의 작은 입으로 내 몸에서 만들어진 젖이 흘러 들어감을 느낄 때마다 이 작은 아이가 내게서 비롯되었다는 것을 끊임없이 상기할 수밖에 없습니다.

하지만 이 모든 것을 곁에 있었지만 간접 경험으로만 겪었던 남편에게는 아빠가 되었음을 느낀 순간이 조금 나중에 찾아왔던 모양입니다.

아기가 아빠를 보고 웃어 주었을 때, 그리고 그 아이가 조금 자라 서툰 옹알이로 "아빠"라고 불러 주었을 때 비로소 이 아기는 내가 지켜 줘야 하는 '내 아이'라는 실감이 확실하게 들었다고 하더군요. "아빠"라는 그 한 마디가 아이와 자신을 더없이 단단하게 엮어 주었다고 말이죠.

과학의 발전이 인류에게 가져다준 통찰 중 하나는 역설적이게도 인간이 그다지 특별한 존재가 아니라는 것이었습니다. 코페르니쿠스적 전환은, 지구를 신의 은총으로 만들어진 유일무이한 땅이 아니라, 전 우주에 존재하는 수많은 별, 즉 아보가드로 수(약 6.022×10^{23}개)만큼 많은 별 가운데 하나의 주위를 도는 행성 중 하나임을 알려주었습니다. 또한 다윈의 진화론은, 인간이 만물의 영장이자 신의 형상을 본떠 만들어진 유일한 존재가 아니라, 그저 DNA라는 분자가 38억 년 동안 자신을 복제하면서 만들어 낸 수많은 생물의 표현형 중 하나임을 깨우쳐 주었고요. 또한 인류학의 발전은 우리 호모 사피엔스가 유일한 인류가 아니었으며, 그저 살아남아 유일한 '현생' 인류가 된 생물 종임을 밝혀내기도 했습니다. 이처럼 과학의 발전은 인간의 우월성에 관한 많은 통념을 여지없이 깨어 버렸지만, 여전히 인간 고유의 것이 남아 있습니다. 바로 '말'입니다.

물론 인간을 제외한 다른 생명체들이 의사 소통 자체를 하지 못하는 것은 아닙니다. 매미들은 옆구리에 있는 진동막을 초당 300번 이상 진동시켜 특유의 맴맴 혹은 찌르르르 하는 소리를 내어 짝을 부릅니다. 개구리는 입과 식도 사이의 인후 벽에 있는 얇은 막인 울음 주머니(vocal sac)을 부풀린 뒤 공명 현상을 이용해 소리를 내고, 여치는 앞날개 양쪽에 있는 마찰편을 긁어서 소리를 내고 이를 울림판을 이용해 증폭시킵니다. 사람의 귀에는 들리지 않지만, 돌고래도 초음파를 통해 신호를 주고받으며 심지어 깜깜한 동굴 속을 날아다니는 박쥐들은 초음파를 이용해 동굴 지형과 먹잇감을 귀로 보면서 살아가기도 합니다.

꼭 소리만이 의사 소통의 도구로 사용되는 건 아닙니다. 반딧불이는 루시페린(luciferin)이라는 발광 물질을 이용해 작은 불빛의 깜빡임을 만들어 의사 소통을 하며, 꿀벌들은 공중에서 특정한 모양을 그리며 춤을 추어 동료들에게 꽃이 많은 곳을 알려주기도 하지요. 때로 화학 물질을 이용하기도 합니다. 집을 떠나 먼 곳으로 먹이를 찾아 나섰던 개미들이 길을 잃지 않고 돌아올 수 있는 것은 개미들이 방출하는 화학 물질 때문입니다. 이 물질의 냄새를 따라가다 보면 집이 나오게 마련이니까요. 그런데 개미가 죽으면 더 이상 화학 물질을 방출하지 못하게 됩니다. 체내의 지방이 분비되면서 올레산(oleic acid)이 만들어져 체취가 바뀝니다. 그러면 다른 개미들은 동료의 죽음을 인지하고 이 사체를 물어 개미굴 밖이나 폐기물을 저장하는 방으로 옮겨서 혹시나 있을지도 모를 전염병의 위험으로부터 군락을 보호하는 행동을 보이기도 합니다. 개미에게 냄새란 죽어서도 동료들과 의사 소통을 하는 수단인 셈이죠.[1]

화학 물질을 이용한 의사 소통은 특별한 발성 기관이나 발광 기관이 없고 움직이지도 못하는 식물에게 유난히 두드러집니다. 곤충이 식물의 잎을 갉아 먹으면 잎에서는 스트레스 호르몬의 일종인 자스몬산(jasmonic acid)이 만들어집니다. 자스몬산은 식물의 세포벽을 더욱 단단하게 만들어 곤충이 갉아먹기 어렵게 할 뿐 아니라, 곤충들의 소화 작용을 방해하기도 하죠. 심지어 어떤 식물은 애벌레에게 갉아 먹히면 이들의 천적인 노린재를 유혹하는 냄새 물질을 공기 중으로 뿜어내기도 하고, 처음부터 개미가 좋아하는 달콤한 수액을 내뿜어 개미들이 상시 주변에서

경계를 서게 함으로써 다른 해충들의 침입을 막기도 하지요. 이처럼 생물들의 의사 소통은 다양합니다.

애초에 생물이란 결코 홀로 존재할 수 없기에 살아가면서 접하는 다양한 타자(他者)들과 긍정적이든 부정적이든 관계를 맺고 의사 소통을 하지 않을 수는 없습니다. 다만 인간의 의사 소통이 여타의 다른 생물들과 다른 것은 '말'이라는 음성학적으로 세밀하게 분절된 소통 수단을 통해 먹이 활동과 번식 행동, 천적과 아군의 구분 등 생존에 필요한 활동을 하고, 나아가 추상적인 개념을 만들고 전달하며 예술적 아름다움을 만들거나 찬미하기도 할 수 있다는 것이죠. 뿐만 아니라 말을 통해 물리적 타격을 하지 않고도 얼마든지 치열하게 싸울 수도 있고, 심지어 상대에게 결코 잊을 수 없는 마음의 상처를 남기거나 상대가 극단적인 선택을 하게 만드는 것도 가능합니다. 그저 말로써 말이죠. 그러니 인간은 이 세상에서 유일한 '허구를 말할 수 있는 존재'입니다.

인간이 말을 할 줄 아는 생물이라고 해서 인간의 아이들이 모두 태어나자마자 말을 할 줄 아는 것은 아닙니다. 아이들은 '말을 할 수 있는 능력'은 가지고 태어나지만, 그 말을 자유자재로 할 수 있기 위해서는 수년의 세월과 수없이 많은 반복 학습을 거쳐야 합니다. 아기는 가능성만을 가지고 태어날 뿐, 언어를 이해하는 지적 능력과 실제 말을 할 수 있는 신체적 능력은 발달 과정을 통해 서서히 형성됩니다. 흥미로운 것은 자유자재로 말을 할 수 있게 해 주는 두 가지 능력, 즉 이해력과 신체적 협응력 가운데 먼저 발달하는 것은 이해력 쪽이라는 겁니다.

제 아이들이 아장아장 걸어 다니던 시절이 생각납니다. "엄마", "아빠", "맘마", "무(물)", "어야(밖에 나가자.)" 정도밖에 말하지 못하는 꼬꼬마 시절에도, "잠자러 갈 시간이야."라고 말하면 싫다고 도리질을 쳤고, 할머니와 할아버지에게 손에 들고 있는 것을 가져다드리라고 하면 정확히 그 사람에게 물건을 가져다주곤 하는 것을 보며 어른들이 "아기들이 말문은 안 트였어도, 귀는 다 트였다."라고 하시던 말씀이 생각나 신기해하곤 했습니다.

조지은과 송지은이 쓴 『언어의 아이들』[2]에 따르면, 아기들은 생후 1~4개월이면 언어를 구성하는 최소 단위인 음소(phoneme)를 구별해 유성 파열음 'ㅂ'과 무성 파열음 'ㅍ'를 구분할 수 있는 범주 지각을 갖춘다고 합니다. 아기는 6개월이 되면 모국어와 외국어를 구분할 수 있고, 두 돌 즈음이면 단어의 어근을 분리해서 과거형을 만들 줄 알며, 네 돌이면 두 문장 이상이 붙은 복문을 해석할 줄 아는 수준이 됩니다. 이 시기가 되면 아는 단어가 부족해 더 많은 말을 하지 못하는 것이지, 문장의 구조 자체에 대한 이해는 거의 성인과 비슷해진다는 거죠. 하지만 그에 비해 말하는 것은 늦습니다. 애초에 옹알이 자체가 백일에야 가능하며, 타인이 분명히 인지할 수 있을 정도로 분명한 단어를 말할 수 있는 것은 돌은 되어야 합니다. 심지어 정확한 발음으로 말하는 것은 이보다 훨씬 늦습니다. "엄마, 사랑해요."를 "엄마, 따랑해요."가 아닌 정확한 발음으로 하는 건 여섯 살은 넘어야 합니다. 물론 이 나이가 지나면 이런 말은 할 줄 알면서도 일부러 안 해 주기 때문에, 운이 없다면 평생 몇 번 듣지 못할 수도 있답니다.

이처럼 귀보다 입이 늦게 트이는 건 신체 구조상의 문제입니다. 발음을 분명하게 하기 위해서는 성대만 필요한 것이 아닙니다. 구강, 혀, 입술 등의 조음 기관과 이들의 운동을 조절하는 근육의 세밀한 조정 능력이 완전히 발달하지 못했기 때문에 발음이 제대로 이루어지지 않는 것이죠. 실제로 한국어 아동들의 소리 발달 양상에 대한 연구에 따르면, 아기들은 제일 먼저 비음-파열음-파찰음-유음-마찰음의 순서대로 말을 할 수 있다고 합니다. 이를 음소로 표기해 보면, 대략 ㅁ/ㅇ – ㅃ/ㄸ/ㄲ, ㅂ/ㄷ/ㅍ, ㄱ/ㅌ/ㅋ – ㅉ/ㅈ/ㅊ – ㅎ-ㄹ-ㅅ/ㅆ 순서가 됩니다. 괜히 아이가 제일 처음에 하는 말이 "엄마", "아빠", "맘마", "까까"가 아닙니다. 그 말이 제일 쉽게 발음할 수 있는 것이기 때문이죠.

인간의 특성 중 하나가 말을 할 수 있다는 것이기 때문에 이와 연관된 장애나 심각한 문제가 있는 경우를 제외하고는, 아이들은 성장 과정에서 비약적으로 언어를 익히고 사용합니다. 하지만 여기에는 절대적인 조건이 하나 있습니다. 누군가가 끊임없이 아이에게 말을 걸어 주고 답을 해주어야 한다는 겁니다. 아동 학대의 희생양으로 언어 발달의 절대적 시기가 있다는 사실을 알려준 지니(Ginie)[3]의 사례처럼 조음 및 발화 능력에 이상이 없어도, 오랜 시간 다양하게 말을 걸어 주지 않으면 아이는 말을 제대로 할 수 없게 자라납니다.

아이는 부모 혹은 주변에 있는 이들이 말을 할 때 그 말을 모방하면서 말을 익힙니다. 소리와 의미뿐 아니라, 말이 발화될 때의 분위기, 표정, 태도 역시 따라 하죠. 동물 중 인간의 뇌에서 유독 발달한 거울 신경(mirror neuron)이 모방 학습을 통해 언어를 익히는 데 중요한 역할을 하기 때문이죠. 또한 말은 상호적인 특성이 있습니다. 그래서 누군가가 아이에게 직접 말을 걸고 그 말을 되받아 주어야 합니다. 그래서 방송이나 유튜브 같은 매체를 통해 일방적으로 단어를 익힌 아이는 상호 작용 속에서 말을 익힌 아이에 비해 말의 핵심을 파악하는 능력이나 행간을 읽는 능력이 부족한 경우가 많다고 합니다.

어린 시절은 언어 학습기의 결정적 순간이며, 이렇게 형성된 언어 습관은 오랫동안 지속되며 어떤 이 특유의 말투와 말버릇을 만들어 냅니다. 그런데 요즘 들어 어린 시절에 이미 끝냈어야 하는 말투와 말버릇 습관을 어른이 된 지금도 제대로 익히지 못한 이들을 종종 봅니다. 거친 단어와 날 선 어조로 타인을 깎아내리고 막말로 마음을 후벼파면서 동시에 다른 이가 말하는 바의 핵심을 전혀 파악하지 못하거나 곡해하면서도 이를 인지조차 못 하는 이들이 너무나 많아서, 과연 말을 할 줄 아는 능력이 인간의 장점인지 약점인지 혼란이 올 지경입니다. 말을 할 줄 안다는 것은 분명히 인간에게 주어진 엄청난 능력이자 가능성입니다. 그리고 그 능력이 인간을 구원할지, 파멸시킬지는 순전히 그 말을 하는 사람에게 달려 있습니다. 말뿐이었다고 하기 전에, 고작 그 말 한마디 때문에 사람들에게 등돌림당하고 잊혀진 이들이 얼마나 많은지를 한 번 더 생각해 보시는 건 어떨까요?

22.
폐경,
나이 들면
여자가 아닌 걸까?

제가 아직 열 살이 되기 전이었던 걸로 기억합니다. 늦은 밤, 텔레비전 브라운관에는 「주말의 명화」가 비추고 있었습니다. 한 배우가 한껏 감정을 담아 신파조로 울먹이고 있었습니다. 늘 같은 성우를 쓰는지 매번 얼굴은 달라져도 목소리는 동일했죠. 고운 한복을 입고 단정하게 쪽 찐 머리를 한 여성은 서글피 울면서 말했습니다.

"이제 나는 여자도 아니라고, 앞으로 창창한 세월을 이런 몸으로 어떻게 살아가야 하냐."

신세 한탄이었죠. 이미 잠잘 시간이 훨씬 지났기에, 졸려서 저절로 감기는 눈꺼풀 사이로 희미하게 들어온 화면이지만, 이상하다는 생각이 들었습니다. 화면 속 그녀는 해사하니 하얀 얼굴에 오밀조밀한 이목구비며 자그마한 체구며 나긋한 몸놀림이며 어디 하나 여자 같지 않은 곳이라고는 없었습니다. 그런데 왜 이제 자신이 여자가 아니라고 하는 건지, 도

무지 이해가 되지 않았습니다.

　뇌세포 속 어딘가에 저장되어 있던 어린 시절의 사소한 기억 한 조각이 떠오른 건 그로부터 20년쯤 지난 뒤의 일이었습니다. 한 지인이 자궁암으로 자궁 절제술을 받았습니다. 의사는 이른 시기에 질병을 발견했기에 수술만 하면, 이후 특별한 치료를 받지 않아도 될 것 같다고 했습니다. 위로차 찾아갔던 병실에서 만난 그녀는 창백한 얼굴로, 이제 나는 더 이상 여자가 아닌 것 같다고, 앞으로 어떻게 살아가야 할지 막막하다고 말했습니다. 순간 어린 시절 보았던 그 영화의 한 장면이 떠올랐습니다. 그 영화 속 주인공도 자궁에 문제가 있었던 모양입니다. 그럼 자궁이 있어야, 혹은 그 자궁이 아이를 품을 능력을 갖추고 있어야만 여자라면, 이미 폐경의 나이를 넘어선 중년 이상의 여성들은 과연 더 이상 여자가 아닌 걸까요? 문득 폐경이란 것이 인생을 구체적으로 어떻게 바꾸는지 궁금해졌습니다. 이제 저도 그 나이대에 가까워졌으므로, 더 이상 남의 일이 아니니까요.

　폐경이란, 여성의 난소 기능이 퇴화되며 신체적인 변화가 나타나는 시기로 40~60세 사이에 나타납니다.[1] (우리나라 여성들의 평균 폐경 연령은 49.9세입니다.) 난소의 기능이 멈추면서 에스트로겐의 분비량이 줄어들므로 이로 인해 다양한 증상들이 나타나는데, 가장 극적인 현상이 주기적으로 반복되던 월경이 사라지는 현상이므로 월경(經)이 닫혔다(閉)는 의미로 폐경이라고 부릅니다. 최근에는 월경은 억지로 닫힌 것이 아니라, 충분히 지속되어서 완결된 것이기에 이를 완경(完經)이라 부르는 게 타당하다는 주장도 나오고 있고 저도 여기에 동조하는 입장입니다만, 아직 공식 단어가 바뀌지 않아서 이 논의를 확산시킬 필요가 있다고 생각하고 있습니다. 최근 몇 년 사이 사회적 인식의 변화로 인해 임신이 불가능하다는 불임(不姙)이라는 단어가 그 어감상 차별적이라고 하여, 임신이 어렵다는 뜻을 지닌 난임(難姙)이라는 단어로 빠르게 대치된 것처럼 말이죠.

월경이 멈추는 건 어느 날 갑자기 일어나는 현상이 아니라, 1~2년 전부터 신체에 변화가 나타나면서 서서히 주기성이 사라지다가 완전히 멈춥니다. 그래서 이 시기를 폐경기라고 부르기도 합니다. 폐경기는 여성의 인생에서 매우 자연스럽게 나타나는 시기입니다. 하지만 여성의 일생에서 가장 요란스럽고 가장 서글픈 형태로 세상에 알려진 시기이기도 합니다. 어린 시절부터 주변의 나이 든 여성 어른들이 폐경기를 겪으며 이런 저런 증상과 변화로 힘들어하는 모습을 종종 보았습니다. 신체적인 증상이야 이해가 되었습니다. 날이 추운데도 갑자기 얼굴이 화끈화끈 달아오르고 얼굴에서 식은땀이 비 오듯 쏟아진다든가, 갑자기 심장이 두근거려 숨이 찬다든가, 이전에는 없던 불면증이 생겨 잠자리에서 뒤척인다든가, 골다공증이 생겨 뼈가 약해진다든가 하는 신체적인 증상들은 당연히 불편함을 유발합니다. 이는 대부분 폐경기를 기점으로 에스트로겐 수치가 낮아짐으로써 나타나는 일종의 금단 증상으로 알려져 있습니다.

에스트로겐은 여성의 몸을 특징적으로 발달시키고 임신에 관여하는 것을 넘어서, 여성의 몸 전체에 여러모로 영향을 미칩니다. 임신이란 질병은 아니지만, 신체에 상당한 부담을 주는 과정이기에 이를 대비해 여성의 몸은 다양한 조절 장치를 가지고 있고, 에스트로겐은 이것을 조정하는 일종의 스위치처럼 작동하기 때문입니다. 에스트로겐은 체온 조절에도 관여합니다. 임신을 하게 되면, 역시 체온을 가진 태아를 품어야 하므로, 체온 조절에 훨씬 더 잘 대처해야 합니다. 그래서 폐경기 여성에게 가장 흔한 증상인 혈관 운동 증상(vasomotor symptoms, VMS)의 원인이 되기도 하죠. 이는 주로 얼굴과 목, 가슴 등의 상체에서 갑자기 화끈한 열감이 느껴지면서 걷잡을 수 없이 땀이 쏟아지는 증상으로, 흔히 핫 플래시(hot flash)라고 하기도 합니다. 핫 플래시의 원인은 폐경기에 일어나는 에스트로겐 감소로 알려져 있습니다. 에스트로겐의 일종인 카테콜 에스트로겐(catechol estrogen)은 노르에피네프린(norepinephrine)이라는 호르몬과 길항 작용을 하며 체온 조절에 영향을 미치는데, 폐경기가 되어 에스트로겐의 분비량이 줄어들면 상대적으로 노르에피네프린이 높아져 체온 조절 구역이 좁아지는 현상이 일어납니다.

생물에게는 항상성이 매우 중요합니다. 체온, 혈압, 혈액 내 산성도, 혈당량 등은 일정한 수준 내에서 유지되어야 하므로, 우리 몸에는 늘 이 수치들이 너무 높거나 낮아지지 않도록 체크하는 감지 장치와 이상 수치가 감지되었을 때 이를 정상 범위로 되돌리는 복구 시스템이 존재합니다. 특히나 사람과 같은 항온 동물은 체온 유지가 매우 중요하기 때문에 우리 몸에는 체온을 인식하는 장치와 이를 회복하는 기작을 심지어 여러 가지 경로로 가지고 있습니다. 그중 하나가 카테콜 에스트로겐-노르에피네프린 되먹임 시스템입니다.

노르에피네프린은 열감을 느끼고 몸을 식히기 위해 땀을 내며, 카테콜 에스트로겐은 그 반대 작용을 합니다. 실제 폐경기 여성이라고 하더라도 노르에피네프린의 양은 거의 변함이 없습니다. 다만, 에스트로겐의 양이 줄어들다 보니 상대적으로 노르에피네프린의 양이 많은 것처럼 느껴져 신체가 열이 나는 것도 아닌데, 열이 난다고 느끼고 과민 반응을 하는 것이죠. 실제 핫 플래시를 겪어서 열이 확확 오르는 게 느껴지는 순간에도 심부 체온은 정상 온도인 섭씨 36.5도에서 크게 벗어나지 않습니다. 이 핫 플래시는 폐경기를 전후로 5~10년 이어지다가, 우리 몸이 이렇게 낮아진 에스트로겐 농도에 적응하면서 서서히 사라지지요.

골다공증도 마찬가지입니다. 우리의 뼈는 돌기둥처럼 늘 그대로 있는 것이 아니라, 조골 세포(osteoblast)와 파골 세포(osteoclast)의 길항 작용을 통해 늘 일정한 수준으로 유지됩니다. 우리의 뼈가 처음부터 단단하게 만들어져 그대로 있는 것이 아니라, 조금씩 제거되고 다시 채워지는 방식으로 진화된 것은, 그래야 뼈에 일어나는 미세한 손상들을 회복시켜 뼈의 기능을 정상적으로 유지할 수 있기 때문이며, 애초에 뼈는 우리 몸의 신경 작용에 절대적으로 필요한 칼슘을 안정적으로 저장하는 일종의 저장 창고이기 때문입니다. 파골 세포가 뼈에 구멍을 내 칼슘을 혈액 속으로 방출하면 우리 몸의 신경 세포들이 이를 유용하게 사용합니다. 그렇게 뼈에 생긴 미세한 구멍은 조골 세포가 칼슘과 인으로 구성된 조직으로 다시 채워서 보강합니다.

이런 칼슘 교체 주기는 나이가 어릴수록 빨라서 아기들의 경우, 1년 안에 뼈의 칼슘이 100퍼센트 교체되지만, 성인이 되면 매년 10~30퍼센트만 교체됩니다. 또한 이 방식은 뼈의 성장과 손상된 뼈의 회복에도 영향을 미칩니다. 성장기에는 파골 세포보다 조골 세포의 능력이 더 뛰어나, 뼈의 성장이 빠르게 일어나고 손상 시에도 회복력이 빨라 부러진 뼈도 금방 붙습니다. 하지만 나이가 들수록 파골 세포에 비해 조골 세포의 기능이 떨어져 뼈의 회복이 느려집니다. 노년층에게 골절이 다른 연령대에 비해 훨씬 위험한 이유가 이 때문이죠.

이처럼 뼈는 원래 나이가 들수록 약해지므로 남성이든 여성이든 일정한 나이가 지나면 골다공증의 위험은 누구에게나 일어납니다. 하지만 여성의 경우, 폐경기를 전후로 골다공증이 빠르게 진행됩니다. 이는 기본적으로 에스트로겐이 조골 세포를 자극하는 기능을 하기 때문입니다. 임신은 몸무게 증가를 가져오기 때문에, 그 자체로 신체의 골격계에 부담을 주고, 더군다나 태아는 성장을 위해 부지런히 엄마의 뼈에서 칼슘을 빼가므로, 그만큼 조골 세포가 튼실해야 임신 기간 동안 뼈가 부러지는 일 없이 견뎌낼 수 있습니다. 그런데 폐경기가 되면 에스트로겐의 농도가 낮아지면서, 조골 세포를 자극하는 기능도 약해지므로, 골다공증이 급격하게 진행되는 것이죠.

이런 신체적 증상뿐 아니라, 폐경기에는 우울증, 무기력증, 기억력 및 집중력 감소, 지나친 감정 변화 및 정서적 불안정 등의 심리적 증상도 나타납니다. 이중 가장 특징적인 것이 우울증으로, 폐경기 전후의 갱년기 여성들을 대상으로 한 우울증 연구의 결과, 이 시기 여성의 3분의 2는 우울증을 앓고 있을 정도로 이 시기 여성들은 우울해합니다. (경증의 우울증을 앓고 있는 사람은 26.0퍼센트, 중등도의 우울증을 앓고 있는 사람은 27.7퍼센트, 중증의 우울증을 앓고 있는 사람은 13퍼센트라고 합니다.) 하지만 이 우울증의 원인은 단지 폐경 또는 완경만은 아닙니다. 이 나이대 여성들의 우울증은 나이, 월수입, 교육 정도, 부부 간의 친밀도, 운동 여부 등의 영향을 더 많이 받습니다. 나이가 많을수록, 월수입이 적을수록, 교육 수준과 부부 간의 친밀도가 낮을수록, 운동을 적게 할수록 우울증의 정도가 심했던 것이죠.[2]

하지만 최근 미국 다트머스 대학교의 연구진이 전 세계 132개국 사람들의 인생 경로를 추적해서 발표한 메타 분석 연구에 따르면, 21세기 현대인들은 세계 각국의 상황, 기대 수명, 임금 수준과 상관없이 U자형 '행복 곡선'을 나타낸다고 합니다.[3] 즉 사람들은 누구나 유년기와 청년기에는 행복감을 크게 느끼다가 점차 낮아져, 47~48세의 중년기에 불행의 정점을 찍다가, 서서히 다시 회복되어 노년기에는 다시 행복감을 크게 느끼는 것으로 나타났다는 것입니다. 묘한 것은 사람들이 남녀 및 인종과 국적을 불문하고 가장 불행하다고 느끼는 시기가 바로 여성의 일생에서 폐경기를 맞는 바로 그 시점이라는 겁니다. 어쩌면 폐경기라서 불행하고 우울한 것이 아니라, 애초에 이 시기가 인생에서 가장 재미없는 시기인데 마침 폐경이 그때 즈음에 일어나기에 더욱 크게 느껴지는 건 아닌지 궁금해졌습니다.

실제로 월경이 끝난 이후의 여성의 삶을 인터뷰한 기록에 따르면, 그들에게 가장 중요한 영향을 미치는 건 월경을 더 이상 안 한다는 것이 아니라, 노화에 대한 두려움과 그에 따르는 생활의 위협에 대한 걱정이 더 많은 영향을 미치는 것을 볼 수 있습니다. 다시 말해, 경제적 기반이 확실하고 학력이 높은 여성의 경우 폐경 이후 우울증을 덜 느낀다거나,[4] 폐경을 일종의 질환이나 장애가 아니라 자연스러운 노화의 한 과정으로 받아들이는 문화권일수록 폐경 증상을 덜 느낀다는 보고도 있었으니 말이죠.[5] 한 가지 분명한 건, 의학이 더 발전해 여성이 죽을 때까지 월경을 할 수 있게 만든다고 해서 여성의 일생이 더 행복해지지는 않을 거란 겁니다.

3부

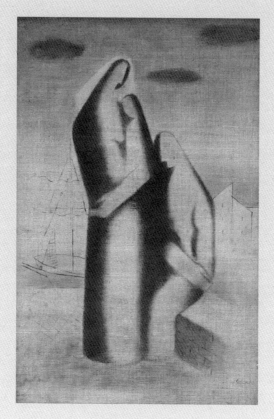

품다

앞쪽 그림
미쿨라시 갈란다, 「가난한 가족(Chudobná rodina)」(1930년).

23.
출산율과 모성

아이 셋을 둔 다둥이 워킹맘의 하루는 시간 쪼개기와 멀티태스킹과 잠 줄이기로 돌아갑니다. 아이들이 학교에 간 사이 아이템을 찾고 글을 쓰고 회의를 하고 강연을 나갑니다. 학교에서 아이들이 돌아오면 간식을 챙기고 잠시 숙제를 봐준 후, 아이들이 학원에 가면 다시 메일을 확인하고 메시지에 답을 하고, 일정을 조율합니다. 제가 하는 일의 특성상 지방 출장이 많아 장거리 운전이나 이동이 많습니다. 아이들을 픽업해야 할 일도 많고요. 기차에서는 책을 읽고, 운전하는 동안 오디오북이나 전자책의 TTS(text to sound) 기능으로 책을 듣습니다. 설거지할 동안 다음 글의 주제가 될 자료 화면을 살펴보고, 청소기를 돌리며 머릿속으로는 글의 얼개를 구상합니다. 그리고 가족들이 모두 잠든 새벽 시간, 글을 씁니다. 뭔가 해야 할 일이 있을 때 시간이 없다면 결국 줄일 수 있는 건 자는 시간뿐이니까요. 집안일은 남편과 분담하고, 그래도 힘들면 가사 도우미의 도움을 받기도 하지만 여전히 제가 해야만 하는 자잘한 일들이 끝도 없이 벌어집니다.

제게 아이가 셋이 있다는 사실을 아는 이들은 제게 어떻게 육아와 일을 병행할 수 있느냐고 물어봅니다. 사실 저도 잘 모르겠습니다. 그냥 해야 하니 하는 것이지 어떻게 하는지는 저도 잘 모르겠다고요. 힘들지 않다면 거짓말이지만, 그래도 아이들이 더 어렸던 때에 비하면 훨씬 견딜 만하다고 말해 줍니다. 그런데 언젠가부터는 다둥이 워킹맘인 저를 '애국자'라고 추켜세우는 분이 늘어나는 중입니다. 좋은 뜻에서 하는 말이라는 사실은 알고 있지만, 그 '애국자'라는 말이 그다지 편치는 않습니다. 제가 특별히 대한민국이라는 나라를 너무도 사랑해서 아이를 셋이나 낳은 건 결단코 아니니까요. 게다가 아이를 여럿 낳아 키운 게 애국자의 조건이라면, 아이를 적게 낳거나 아예 없는 분들은 애국심이 부족한 이들이라는 말로 들릴 수도 있습니다. 제게 아이는 그저 제 삶의 선택이었습니다. 제 반려자를 사랑했고, 그래서 그와 저를 닮은 아이를 낳아서 키우고 싶었습니다. 그리고 우리 부부는 우리가 낳은 아이들을 감당할 수 있으리라 생각해서 선택한 것이지, 이 나라를 지켜야 한다는 역사적 사명감을 가지고 아이를 낳은 것은 결코 아닙니다.

요즘 들어 '다둥이 = 애국자' 공식이 형성된 데는 몇 년 전부터 우려가 커지던 출산율 하락이 큰 영향을 미쳤을 것으로 생각됩니다. 베이비 붐 시대였던 1959~1971년에 연간 출생아는 100만 명을 넘었고 인구 증가율도 3퍼센트를 넘어섰지요. 그러다가 1971년을 기점으로 연간 신생아 수와 합계 출산율이 점점 하향 곡선을 그리기 시작합니다. 그러던 것이 2020년 전 세계를 강타한 코로나19 쇼크로 인해 최저치를 기록하고 결국 인구 자연 감소로 전환되기에 이릅니다.

한 해에 사망하는 사람에 비해 태어나는 아이의 수가 적으면 인구 자연 감소가 일어나는데, 이는 2020년에 유독 사람들이 많이 사망해서가 아니라 전적으로 아이가 적게 태어나서 나타난 결과입니다. 국내 주민 등록 기록에 따르면, 2020년 사망자는 30만 7764명이었으나, 태어난 아이는 27만 2337명에 불과해 3만 명이 넘게 인구가 줄어들었습니다. 이 차이는 당시 역대 최저라는 합계 출산율(0.84명)에 기인하는 바가 컸는데, 이후로도 차이는 더욱 벌어지고 있습니다. 합계 출산율은 이후에도 계속 떨어지기만 하고 있으니까요. 획기적인 변화가 없는 이상, 앞으로도 이 추세는 크게 달라지지 않을 듯합니다.

굳이 숫자로 입력하지 않아도, 태어나는 아이들이 해마다 줄어들고 있다는 건 피부로도 느껴집니다. 제가 사는 곳은 서울 근교의 도시로 인구 100만에 육박하는 제법 큰 도시입니다. 처음 큰 아이 초등학교 입학식에 갔을 때가 생각납니다. 입학 인원이 150여 명이라 실내 강당에서 입학식이 이루어졌습니다. 한꺼번에 800여 명이 입학해서 운동장에서 입학식을 진행했어도 사람들이 너무 많아 발 디딜 틈조차 없었던 제 초등학교 입학식과는 너무도 달라 신선한 충격이었지요. 그런데 불과 5년 뒤, 쌍둥이의 입학식에 참여했을 때는 더 놀랄 수밖에 없었습니다. 입학 인원이 그새 더 줄어 겨우 80명 남짓했거든요. 거의 절반에 가까운 아이들이 없어져 강당이 휑하다는 느낌이 들 정도였습니다. 실제로 많은 통계치와 조사 결과가 우리나라의 출산율 및 인구 감소율은 기록적으로 빠르며, 이로 인해 노령 인구의 비율이 급속도로 높아지고 있다고 합니다.

현대 사회에서, 특히나 자본주의 사회에서 개인은 사회의 구성원 연도별 출생아 수와 합계 출산율, 그리고 출생 성비의 변화. 통계청 「인구 동향 조사」(1970~2023년).

연도(년)	출생아수(명)	합계 출산율(명)	출생 성비(남/여)
1970	1,006,645	4.53	109.5
1971	1,024,773	4.54	109
1972	952,780	4.12	109.5
1973	965,521	4.07	104.6
1974	922,823	3.77	109.4
1975	874,030	3.43	112.4
1976	796,331	3	110.7
1977	825,339	2.99	104.2
1978	750,728	2.64	111.3
1979	862,669	2.9	106.4
1980	862,835	2.82	105.3
1981	867,409	2.57	107.1
1982	848,312	2.39	106.8
1983	769,155	2.06	107.3
1984	674,793	1.74	108.3
1985	655,489	1.66	109.4
1986	636,019	1.58	111.7
1987	623,831	1.53	108.8
1988	633,092	1.55	113.2
1989	639,431	1.56	111.8
1990	649,738	1.57	116.5
1991	709,275	1.71	112.4
1992	730,678	1.76	113.6
1993	715,826	1.654	115.3
1994	721,185	1.656	115.2
1995	715,020	1.634	113.2
1996	691,226	1.574	111.5
1997	675,394	1.537	108.2
1998	641,594	1.464	110.1
1999	620,668	1.425	109.5
2000	640,089	1.48	110.1
2001	559,934	1.309	109
2002	496,911	1.178	109.9
2003	495,036	1.191	108.6
2004	476,958	1.164	108.2
2005	438,707	1.085	107.8
2006	451,759	1.132	107.6
2007	496,822	1.259	106.2
2008	465,892	1.192	106.4
2009	444,849	1.149	106.4
2010	470,171	1.226	106.9
2011	471,265	1.244	105.7
2012	484,550	1.297	105.7
2013	436,455	1.187	105.3
2014	435,435	1.205	105.3
2015	438,420	1.239	105.3
2016	406,243	1.172	105
2017	357,771	1.052	106.3
2018	326,822	0.977	105.4
2019	302,676	0.918	105.5
2020	272,337	0.837	104.8
2021	260,562	0.808	105.1
2022	249,186	0.778	104.7
2023	230,000	0.72	105.1

엄마 생물학

인 동시에 생산과 소비의 주체입니다. 그런 인구가 줄어든다는 것은 사회의 구성에 구멍이 뚫리고 돈의 흐름으로 돌아가는 자본주의 사회에서 생산과 소비가 줄어드는 것을 뜻하죠. 시민이 없다면 사회가 돌아가지 못하고, 국민이 없다면 국가는 필요가 없어지니, 몇 년 전부터 정부에서는 온갖 저출생 극복 대책을 내놓고는 있지만, 딱히 문제 해결에 도움이 되는 것 같지는 않습니다. 좀 더 우려되는 것은, 이런 저출생에 대한 우려 섞인 목소리 뒤에는 '아이를 낳지 않는 여성들'에 대한 원망과 비난이 빠지지 않는다는 겁니다. 최근 들어 점점 격화되고 있는 젠더 갈등에서 '군대 대 출산'의 문제가 매번 빠지지 않고 등장하는 것도, 정부에서 마치 지역 특산물 홍보처럼 전국 가임 여성 지도를 만들어 여성을 재생산 기계처럼 묘사한 일도 이런 심리가 뒷받침되어 있지요.

생물학적으로, 혹은 사회적으로, 구조적으로 임신과 출산, 수유와 양육의 상당수는 여성에게 더 많은 부담을 줍니다. 실제로도 그렇습니다. 아이를 배고 낳고 젖 먹이고 아이가 자라 제 앞가림을 할 때까지 끊임없이 관심을 가지고 지원을 하는 게 쉽지 않고, 아무리 배우자가 같이해도 임신과 출산과 모유 수유의 과정은 절대로 대신해 줄 수 있는 것이 아니기에 이 과정을 거치면서 많은 여성이 자신이 얼마나 생물학적 여성의 몸에 기반을 둔 존재인지 절실히 느끼게 됩니다. 그런데 이런 말을 하면 혹자는 말합니다. 우리 어머니, 할머니는 더 열악하고 혹독한 상황에서도 애를 잘만 낳아 키웠다고 말이죠. 그리고는 비난조의 말이 뒤따릅니다. 요즘 여성들은 곱게 자라 어려움도 모르고 제 몸 하나만 아낄 줄 알아서 지나치게 몸을 사린다고 하죠.

하지만 오히려 가진 것이 많아지고 삶이 윤택해질수록 아이를 적게 낳는 경향은 비단 최근의 상황이 아닙니다. 이미 19세기 빅토리아 시절, 찰스 다윈의 사촌이자 뛰어난 생물학자 중 한 사람이었던 프랜시스 골턴이 우생학을 창시한 것도 "인류의 질적 향상에 이바지해야 할 신사 숙녀로 구성된 상류 계급은 아이를 적게 낳는 데 반해, 오히려 솎아내야 할 열등한 계층들이 아이를 마구 낳아대어 인류의 질적 저하를 가속화시키고 있다."라는 분석 결과 때문이었습니다. 그래서 그는 인류가 유전자군의 질적 저하로 스스로 멸종하지 않기 위해서는 질적으로 우수한 상류 계급의 혼인과 출산을 적극적으로 장려해야 한다고 주장하기도 했죠.

인류학자들에 따르면 상위 계급으로 갈수록 여성들이 아이를 적게 낳는 현상은 이미 농경이 시작된 신석기 시대부터 발견되는 경향이었다고 합니다. 「흥부전」 같은 고전 소설에서 하루 빌어먹고 살기도 힘든 흥부네는 아이들이 주렁주렁 있었던 것에 반해 먹고사는 데 지장 없던 놀부네는 자식이 적거나 없다고 묘사되는 것도 지극히 현실적인 설정이었던 것이죠. 지금도 제3세계 여성들의 출산율이 산업화된 나라에 비해 월등히 높습니다.

인류학자 새라 블래퍼 하디(Sarah Blaffer Hrdy)는 『어머니의 탄생 (Mother Nature)』에서 계급 및 지위와 출산율의 반비례 관계에 대해 당연하다는 해석을 내놓습니다.[1] 여전히 수렵 채집 사회를 살아가는 소수 민족의 여성들은 대개 10대 후반 첫 아이를 낳은 뒤, 4~5년 터울로 평생 6~8명의 아이를 낳습니다. 하지만 이 아이 중, 무사히 성인이 되어 자신의 아이를 낳아 가계를 이어 가는 아이들은 소수입니다. 실제로 수렵 채집 사회의 여성 대부분은 가임기 내내 임신과 출산을 거듭하지만, 이들 중 40퍼센트는 생식 가능한 연령까지 살아남은 아이를 단 1명도 갖지 못한다고 합니다.

아이의 생존에는 튼튼하고 건강한 유전자도 중요하지만 어른이 될 때까지 먹이고 입히고 키울 자원과 이들을 지켜 주고 보호해 줄 안전하고 안정적인 환경이 필수 불가결합니다. 이런 조건들이 충분히 갖춰져 있다면 아이의 생존율은 눈에 띄게 높아집니다. 20세기 후반 선진국에서 여성들이 평생 낳은 아이의 수와 이중에서 무사히 성인이 되는 자녀의 수가 큰 차이가 없었던 것은, 이런 조건들이 충족되었기 때문이죠. 자원이 풍부하고 환경이 안전해 아이들이 성인이 될 때까지 무사히 자랄 수 있을 것이라는 확신이 들면, 아이를 많이 낳지 않아도 유전자가 존속될 것을 충분히 기대할 수 있으니 아이를 덜 낳습니다. 인간 여성에게 임신과 출산은 자연스러운 경험일 수 있지만, 반드시 안전하지는 않거든요. 2023년 기준, 출생아 10만 명당 모성 사망자 비율은 10명으로, 아기 1만 명 중 1명은 태어나는 순간 엄마를 잃는다는 말입니다. 과학과 의학이 발전한 현대에도 이런 비극을 완전히 막지 못하니, 이전 시대에는 임신과 출산은 훨씬더 위험한 일이었을 겁니다. 우리나라가 1970년대 이후 고도 성장기에 들어서면서 출산율이 꾸준히 떨어진 것은 이에 힘입은 바가 큽니다. 물론 여기에 교육의 기회 확대로 인한 여성의 사회 진출 증가 및 피임약의 개발로 인한 출산력 조절 여부 역시도 여성들의 출산권에 대한 선택지를 다양화했고, 많은 여성이 출산을 미루는 쪽으로 그 선택권을 사용했죠. 하지만 최근의 상황은 좀 더 암울합니다.

임신한 쥐는 환경이 안전하고 편안하면 새끼를 낳아 본능적으로 프로그램된 대로 이들을 깨끗이 핥아 주고 배불리 먹이며 알뜰살뜰 보살핍니다. 하지만 이 시기 어미가 심한 스트레스를 받거나 생존에 위협을 느끼게 되면, 갓 태어난 새끼들을 보호하기는커녕 오히려 물어 죽여 버리는 일이 발생합니다. 심지어 임신 중에 주변 환경이 악화되면 모체는 자궁 내 새끼들을 도태시켜 다시 흡수하는 현상까지 관찰됩니다.

흔히 우리는 수천 킬로미터를 헤엄쳐 와 알을 낳고 기진맥진해 죽어 버리는 연어나, 자신의 몸이 완전히 뜯어먹힐 때까지 새끼를 등에 지고 다니는 어미 거미의 일화에 익숙합니다. 그래서 자식을 위해 목숨조차도 아까워하지 않고 모든 것을 내어주는 어미의 희생적인 모습에 '모성'이라는 이름을 붙이고, 이를 본능이라고 칭하기를 주저하지 않습니다. 그래서 종종 새끼를 아무렇지 않게 죽여 버리거나 심지어 먹어 치우는 어미들의 모습은 끔찍한 악몽처럼 여기곤 합니다.

앞서 언급했던 『어머니의 탄생』에서 허디는 이런 희생적인 모습만이 모성의 전부이자, 본능으로 여기는 관점이 매우 편협한 시각임을 지목합니다. 모성이 유전자를 존속시키기 위한 본능의 일부일 수는 있지만, 그 모성의 표현형이 모두 무조건적인 희생만으로 나타나는 것은 아니라는 거죠. 특히나 수명이 짧고 일생에 단 한 번 번식하는 물고기나 절지동물들과는 달리, 수명이 긴 편이고 여러 번 번식하는 다회성 번식 패턴을 지닌 포유류의 경우, 종종 어미는 선택의 기로에 놓이게 됩니다. 여러 번 가능한 번식의 기회 중 특정한 한 번에 모든 것을 걸기에는 투자 대비 효용이 떨어집니다. 특히나 자원이 부족하고 환경이 열악한 경우, 한 번의 번식 기회에 섣부르게 전액 투자했다가는 자신과 자손의 생존 가능성을 모조리 날려 버릴 수도 있습니다. 그럴 경우, 일단은 자손의 번식보다는 자기 자신의 생존을 우선시하고 훗날을 도모하는 것이, 길게 보면 집단의 번성 가능성도 높이는 일입니다.

물론 우리의 포유류 조상들이 이걸 깨달아서 의식적으로 조절한 것이 아닐 겁니다. 본능은 그럴 만한 분별력이 없기 때문입니다. 다만 그러한 습성을 지닌 존재들이 살아남을 가능성이 컸을 테고, 이들은 그런 성향들을 물려주었을 것이며, 우리는 모두 그들의 후손이기 때문입니다. 그래서 허디는 모성이란 게 희생적인 천사의 모습보다는, 냉정한 사업가의 특성에 더 가깝다고 주장합니다. 다시 말해, 모성이란 "자신과 아이와 나아가 이 아이가 낳을 미래의 아이들의 생존"까지를 목표로 하는 냉정한 서바이벌 프로젝트에 투입된 참여자가, 주어진 한정된 자원을 최적으로 운용해 최대의 생존율을 만들어 내기 위해 취하는 다양한 전략들의 집대성인 셈입니다.

모성을 이런 관점으로 바라보면, 무조건적인 희생에서부터 자녀를 버리는 일까지의 극단 사이에 놓인 다양한 어머니의 모습을 좀 더 다양한 시각으로 이해하고 접근할 수 있습니다. 또한 삶의 상당수를 유전적 본능에 의존하는 여타의 동물들과는 달리, 인간은 본능에 더해 학습과 경험과 윤리적 의식에도 영향을 크게 받습니다. 그러니 모성이란 것도 본능적인 부분에 더해 학습으로 배운 것, 경험으로 얻어진 것, 윤리적 의식으로 인해 지켜야 하는 것 등으로 구성해야 하는 다채로운 존재인 거죠.

그동안 모성의 희생적 표현형이 강조되었다는 이유로, 그런 모습을 선택하지 않는 여성들을 이기적이고 냉정한 존재를 넘어, 애국심이 부족한 비도덕적인 존재로까지 몰아붙이는 건 오히려 모성의 본질을 잘못 이해한 셈이죠. 여성들에게 아이를 낳으라고 강요하기 전에 그들의 본능과 지능이, 가슴과 머리가 아이를 낳아 키우는 것이 가능한 환경이라고 느끼도록 하는 게 먼저이지 않을까요.

24.
포유류,
젖샘으로 규정하다

아주 오래전에 보았지만, 영화 「블루 라군(Blue Lagoon)」[1]에서 유독 잊히지 않는 장면이 있습니다. 이 영화의 대략의 줄거리는 이렇습니다. 대서양을 건너던 배 한 척이 난파되고, 어린 남자아이가 여자아이는 구사일생으로 목숨을 건져 무인도에 안착합니다. 이 섬은 그간 사람의 발길이 닿지 않았던 곳이었을 뿐, 이들의 생존에 필요한 모든 것이 있는 낙원과 같은 곳이었지요. 목마름을 달래 줄 맑은 시냇가 흐르는 옆에 우거진 나무들은 집과 온기가 되어 주었고, 배고픔을 달래 줄 과일과 물고기는 차고 넘쳤으며, 심심하면 같이 놀 친구와 새와 작은 동물들이 있었으니까요. 그리고 그곳에서 유일하게 서로를 의지하며 자라난 두 아이는 아이에서 소년 소녀가 되었고, 그들의 관계는 소꿉친구에서 연인으로 그리고 부모로 이어집니다.

문제는 아이를 낳은 이후입니다. 갓난아기는 배가 고파 울어대지만 아무리 맛있는 과일과 생선구이를 가져와도 아기는 먹을 수가 없지요. 자꾸만 울어대는 아기가 안타까운 소녀는 아기를 품에 안고 달래려고 합니다. 그러자 아기는 자연스레 엄마 젖을 찾아 물고는 울음을 그치고 젖을 빱니다. 그리고 곧 모든 것이 편안하고 만족스러운 이전의 낙원 상태로 돌아갑니다.

스웨덴의 분류학자 칼 폰 린네(Carl von Linné)는 1738년, 이후 모든 생물 분류의 기초가 된 책『자연의 체계(Systema Naturae)』에서 사람을 최초로 생물 분류학의 범주에 넣어 분류했습니다. 이전까지는 사람을 여타의 다른 동물들과 다른 존재라고 귀히 여겨 동물의 범주에 넣지 않았던 것에 비하면 파격적인 시도였죠. 이 분류법에 따르면 사람은 동물계 척추동물문 포유강 영장목에 사람과의 단일 생존 종입니다.

여기서 특이한 것은 린네가 사람을 포유강(哺乳綱, Mammalia), 즉 젖먹이 동물로 구분했다는 겁니다. 현재 포유강에는 총 5,400여 종에 이르는 생물들이 포함되는데,[2] 대부분은 육지에 살지만 돌고래나 고래처럼 물속에 사는 종류도 있고(심지어 물속에서는 숨도 쉬지 못하면서 말입니다.), 몸무게가 10그램도 채 안 되는 멧밭쥐부터 몸무게가 180톤에 이르는 대왕고래에 이르기까지 체구도 제각각입니다. 대개는 새끼를 낳아 키우지만, 오리너구리처럼 알을 낳는 종류도 있고, 캥거루처럼 몸 외부에 주머니가 있어 새끼를 넣어 다니는 종류도 있습니다. 스스로 체온을 유지할 수 있는 내온 동물이지만, 그건 새들도 마찬가지입니다. 그렇다면 이 5,400여 종에 이르는 생물들을 하나의 그룹으로 묶어 주는 독특한 분류 기준은 무엇일까요? 그건 바로 '젖샘(유선)'의 존재입니다. 포유류에 속하는 개체라면 예외 없이 어미가 갓 태어난 어린 새끼에게 '젖'이라는 어미 몸에서 분비되는 체액을 먹여 키우고 돌보는 행동을 보입니다.

사실 린네는 인간을 피부색에 따라 백색 유럽 인, 홍색 아메리카 원주민, 갈색 아시아 인, 흑색 아프리카 인으로 구별해 훗날 인종 차별의 근거가 된 피부색 분류법을 제시한 인물입니다. 애초에 생물학적 종(種)의 개념이 '생식 가능한 후손을 만들 수 없는 유전적 차이를 가진 생물들의 집단'을 의미하는 말이기에 피부색에 따른 인종 구별은 애초에 자신의 분류법의 기반인 종의 의미 자체를 뒤흔듭니다. 인간은 피부색에 상관없이 번식 가능한, 단일한 종에 속하니까요. 이렇게나 인간을 차별적인 시선(정확히는 백인 우월주의의 시선)에서 바라본 린네가 하필이면, 남녀 모두에게 있는 기관도 아니고, 유독 여성에게만 있는 신체 기관, 그것도 아이를 낳지 않으면 기능조차 하지 않는 신체 기관인 젖샘의 존재를 근거로 인간을 분류한 건, 아이를 낳아 젖을 먹여 키우는 것이 사람의 본능적인 특징이라는 생각이 없었다면 나올 수 없었을지도 모릅니다.

생물학적으로 본다면, 갓난 새끼를 젖을 먹여 키운다는 것은 종의 번식에 있어서 매우 다양한 이점을 갖습니다. 일단 갓 태어난 어린 개체가 일정 기간 젖을 먹고 큰다는 것은 어미의 입장에서 보자면, 새끼들이 먹을 것에 따로 신경 쓸 필요가 없다는 뜻이 됩니다. 대개의 어린 개체들은 체구도 작고 아직 신체 발달도 온전치 못해 성체가 먹는 먹이를 먹기 어렵습니다.

실제로 어린 초식 동물들의 장 속에는 아직 질긴 섬유질을 분해할 장내 공생 세균이 없습니다. 이들이 없으면, 풀에서 영양분을 얻을 수 없으니 아무리 풀을 많이 먹어 봤자 소용이 없지요. 하지만 포유류는 어미의 몸에서 나오는 젖을 먹고 자라기에, 이런 문제가 없습니다. 어미가 잘 먹고 충분한 젖을 분비할 수만 있다면 어린 개체들 역시 통통하게 잘 자랄 수 있으니까요. 또한 어린 개체의 생리적 특성은 성체의 요구와는 다릅니다. 성체는 자신의 몸을 유지하기만 해도 되지만, 어린 개체는 성장도 해야 합니다. 서로 생물학적 상황이 다르기에 요구되는 물질 및 에너지의 양도 다릅니다. 그런데 젖은 각 생물 종의 특성에 잘 맞도록 배합되어 분비되는 신기한 영양 물질입니다.

웨들물범(Weddle Seal)의 갓난 새끼는 몸무게가 25~30킬로그램이지만, 하루에 약 2킬로그램씩 증가해 태어난 지 6주 만에 몸무게가 100킬로그램을 거뜬히 넘어섭니다. 새끼 웨들물범의 '폭풍 성장'을 뒷받침하는 게 바로 어미의 젖입니다. 웨들물범의 젖은 지방 함량이 60퍼센트에 이를 정도로 기름집니다. 버터를 녹여서 먹는 것과 비슷한 느낌이랄까요? 웨들물범의 젖이 이토록 기름진 것은 이들이 사는 곳의 특성 때문입니다. 이들이 사는 남극은 추위가 극심한 곳입니다. 이런 곳에서 맨몸으로 살아남기 위해서는 가급적 몸집이 크고 피하 지방층이 두꺼운 게 좋습니다. 몸집이 커야 단위 부피당 외부와 접촉하는 면적이 작아져 열 손실이 줄어들고, 두꺼운 지방층은 훌륭한 단열재 역할을 수행해 효과적으로 내부의 열을 보호할 수 있으니까요. 새끼들은 추운 남극에서 얼어 죽지 않기 위해서라도 빨리 뚱뚱해져야 하기에, 어미는 기름진 젖을 공급하는 것이죠.

젖먹이를 기르던 시절, 아이가 젖을 먹은 뒤에도 젖이 남거나 혹은 일하러 나가야 하는 날에는 아기를 위해 젖을 유축해 두었다가 먹이곤 했습니다. 다행히도 아기는 젖병 자체를 거부하지는 않았습니다. 하지만 젖병에 든 것에는 예민했습니다. 유축한 모유는 잘 먹었지만, 분유는 먹지 않았습니다. 젖병을 한 번 빨고는 아주 못마땅한 표정으로 질겅질겅 젖꼭지를 씹으며 먹기를 거부하곤 했죠. 그래서 한 번은 아기가 남긴 젖병 속 모유와 조제 분유의 맛을 보았습니다. 뭐가 달라서 아기가 알아채는지 궁금했거든요. 겉보기엔 비슷해 보여도 맛과 질감은 확연히 달랐습니다. 조제 분유가 시판 우유보다 좀 더 크리미한 느낌이라면, 모유는 더 묽고 가볍고 결정적으로 훨씬 더 달았습니다.

사람의 모유에는 다른 어떤 동물의 젖보다 유당이 많이 함유되어 있습니다. 오로지 젖에만 들어 있는 단당류인 유당은 아기의 열량 공급원이 되어서, 특히나 뇌를 발달시키는 데 주요한 연료로 쓰입니다. 또한 그 특유의 단맛으로 갓 태어난 아기들에게 세상의 달콤함을 처음으로 각인시키는 바탕이 되기도 하고요. 그렇게 젖은 동물이 어떤 환경에 놓여 있든 상관없이 어린 개체가 자라나는 데 최적으로 배합된 영양 성분들을 제공함으로써, 그들의 생존 능력을 높이는 결정적인 역할을 합니다. 또한 갓 태어난 새끼들을 질병으로부터도 보호하는 역할을 합니다. 포유류의 조상 중에는 피부 일부가 늘어나 주름진 곳에 주머니에 알을 담고 다니던 종류가 있었는데, 이들의 알껍데기는 지금 우리가 아는 달걀처럼 단단한 탄산칼슘이 아니라 다공성의 얇은 막과 같은 것이어서 감염에 취약했고, 이를 보완하기 위해 어미의 피부에서는 병균을 방어하는 일종의 체액이 분비되었을 것으로 추측됩니다.

체액, 대표적으로 눈물이나 침 등은 항균 성분을 가지고 있습니다. 체액이 분비되는 곳은 신체 내부로부터 외부로 노출되어 연결된 부분이기에 미생물의 침입이 일어나기 쉬운 곳이니 방비를 해 둔 셈이죠. 눈물에 포함된 리소자임(lysozyme)이나 침 속에 든 락토페린(lactoferrin)은 천연 항생제 역할을 합니다. 알을 보호하기 위해 알주머니 안에서 일종의 항균성 체액이 분비되었을 개연성은 매우 높습니다. 그러다가 이들은 갓 태어난 새끼도 아예 주머니 안에서 어느 정도 키우기 시작했고, 항균성 체액에 영양분을 더한 것이 지금의 젖의 형태로 진화했을 겁니다.

지금도 포유류의 원형에 가까운 단공류에 속하는 오리너구리는 새끼가 아닌 알을 낳고 젖샘은 있지만 젖꼭지는 없어서, 알에서 깨어난 새끼는 어미의 배에서 땀처럼 분비되는 체액을 핥아 먹으면서 자라납니다. 또한 캥거루를 비롯한 유대류는 태반 발달이 불완전하기에 새끼를 미숙한 상태로 낳아 배 주머니에 넣어 키우는데, 젖꼭지가 그 안에 있어서 새끼는 안전하고 배부르게 자랄 수 있죠. 사람도 출산 3일 내에 분비되는 젖은 초유(初乳)라고 하는데, 노란색을 약간 띠며 각종 항체와 항균 물질들이 풍부하게 들어 있어 이제 막 무균 상태에서 미생물이 득시글거리는 세상에 갑자기 던져진 신생아가 최소한의 면역 체계를 갖출 수 있도록 도와주는 역할을 합니다. 또한 어미가 젖을 먹여 새끼를 키우려면 어미 몸이 일정 수준 이상 지방을 몸에 비축해야 합니다. 이는 체온을 유지해 항온 동물의 탄생에 많은 영향을 미쳤을 가능성이 큽니다. 주변 온도와 상관없이 체온을 유지하는 동물은 더 추운 곳이나 기후가 변덕스러운 곳까지 서식지를 넓힐 수 있었고 그곳에서 생존할 가능성이 컸습니다.

또한 새끼가 충분한 젖을 먹으려면 늘 어미와 붙어 있어야 하기에, 어떤 방식으로든 어미와 새끼는 상호 의사 소통을 해야 하니 이는 새끼의 뇌 발달에 긍정적 영향을 미쳤을 겁니다. 심지어 어떤 진화학자는 젖을 빨도록 진화된 입천장(구개)과 입술, 혀 근육의 발달은 이를 미세하게 조절하는 고등 영장류에서 음성 언어를 만들어 내는 신체적 기반이 되었다고 주장합니다. 그야말로 생명체에게 '젖먹이' 탄생이란 생존과 번식을 지상 과제로 여기는 유전자 측면에서 보면 아주 유리한 방식이었던 모양입니다. 린네의 선견지명에 고개가 주억거려집니다.

초기에 린네가 인간을 젖먹이 동물로 구분한 뒤, 오히려 인류의 진화와 발전 과정에서 수유의 중요성은 그다지 강조되지 않았습니다. 다만 아기가 젖을 빠는 행위가 배란에 영향을 미쳐 배란이 억제되므로, 자녀들의 터울이 길어지게 된다는 것 정도가 나왔을 뿐이죠. 오히려 더 많이 회자되던 주제는 젖가슴의 생물학적 기능보다는 심미적 기능이었습니다. 인간의 젖샘 위치는 이를 둘러싼 지방 분포 말입니다.

많은 젖먹이 동물의 젖샘은 가슴이 아니라 주로 배에 있고 그저 젖샘만 발달할 뿐이지만, 여성은 상반신 윗부분에 젖샘 조직이 있고 수유라는 본래 기능과 별 상관이 없어 보이는 지방조직이 둥그렇게 젖샘을 둘러싸서 발달했습니다. 젖샘 조직이 가슴에 온 건 영장류들도 마찬가지고, 팔을 사용하는 인간의 신체적 구조상 가슴에 있어야 아기를 안기 수월하니 위치는 좋아 보입니다. 하지만 그 젖샘을 둘러싼 지방 조직은 사실 그다지 필요치 않습니다. 실제로 다른 영장류 암컷의 경우 젖샘은 가슴에 있지만 그것이 통통하게 부풀어 있지는 않습니다. 그런데 인간의 경우(물론 개인차는 있습니다만) 그 위치와 모양이 본래 기능(수유)과 상관없이 '보기에 퍽 좋더라.'라는 이유에서 시작한 궁금증은 급기야 여성의 젖가슴을 '하체 후면에서 상체 앞면으로 올라온 엉덩이의 대용품'이라는 결론을 도출하기에 이릅니다.

네 발로 '기어 다니는' 동물은 발정기를 알리는 표지로 엉덩이를 이용하는 경우가 많습니다. 엉덩이 위치가 눈높이와 일치하므로, 발정기에 들어서면 엉덩이를 눈에 띄는 색으로 물들이거나, 아니면 유혹적인 냄새가 나게 한다는 식으로 말이죠. 인간의 경우, 직립 보행을 하면서 머리 위치가 엉덩이보다 위로 올라가게 됨으로써 눈높이에서 멀어진 엉덩이를 대신하는 '섹스 어필' 기관으로 젖가슴을 발달시켰다는 게 이 가설의 골자입니다. 매우 유명한 가설이지만, 선뜻 동의하기는 쉽지 않습니다. 시선만 조금 돌리면 보이는 걸 굳이 위쪽으로 옮겨야 할 필요가 있을지도 잘 모르겠고, 애초에 가슴과 엉덩이는 같은 방향에 있지도 않은데 말이죠.

물론 진화는 무목적적이고 무작위적이니 애초에 다른 이유로 진화했던 형질이 후에 성적 신호로 쓰였을 수도 있지만, 성 선택에서 선택의 주체는 자손 양육에 더 많은 자원을 투자하는 쪽이고 그로 인한 진화적 압력의 영향을 받는 쪽은 다른 쪽입니다. 인간의 경우 임신과 출산, 수유로 자손 양육에 더 많은 투자를 하는 쪽은 여성이므로, 이때 여성이 진화적 선택의 주체, 남성이 진화적 압력의 영향을 받는 쪽이어야 하는데, '상체에 달린 엉덩이' 가설[3]은 진화의 기본 방향과도 맞지 않으니 더 떨떠름할 수밖에요.

문제는 이 관점이 우리 사회에 널리 퍼져 있다는 겁니다. 여성의 가슴이 자연 선택된 게 아니라 성 선택의 결과라는 관점은, 여성의 가슴을 여성성과 동일시해 그 자체에 대한 지나친 신성화와 노골적인 상품화에 이르기까지 층위는 다르지만, 여성의 자연스러운 신체 일부가 아니라 그 자체로 대상화되는 경우가 많습니다. 그래서 여성성을 위해 가슴에 보형물을 넣는 사람이 연간 100만 명 단위이지만,[4] 여전히 가슴이 크면 지능이 떨어진다는 등의 조롱도 공존합니다. 여성의 젖가슴에 대한 이중적 시선은 여성들이 가슴이 크건 작건, 드러내건 감추건 여전히 따라다닙니다.

『내 딸과 딸의 딸들을 위한 가슴 이야기』(*Breasts: A Natural and Unnatural*

History)』[5]의 저자 플로렌스 윌리엄스(Florence Williams)는 말합니다. 여성의 가슴을 남성의 시선으로 인한 성 선택의 결과물이 아니라, 엄마와 아기 사이 자연 선택의 결과로 돌려줘야 한다고요. 그 관점의 변화만으로도 여성의 가슴을 둘러싼 불편하고 거북하며 때로는 폭력적일 수 있는 많은 문제가 해결될 거라고 말이죠. 저도 역시 동의합니다.

25.
따뜻하게 품어 주다

자신의 이익을 위해서는 수단 방법을 가리지 않고 남을 해하는 이를 '냉혈한(冷血漢)'이라고 합니다. 반면 어떤 대상에 대해 마치 타는 듯한 강렬한 열정을 지닌 이들을 '열혈한(熱血漢)'이라고 하고요. 이런 느낌은 문화권이 달라져도 마찬가지여서, 영어의 cold blood는 '냉혹한'이라는 뜻이며, hot blood은 작은 일에도 쉽게 끓어오르는 '다혈질'의 사람을 의미하는 단어로 쓰입니다.

개인의 성격을 피의 온도에 견줘 표현하는 말이 흔히 쓰인다는 건, 체온에 대한 보편적인 정서가 존재한다는 의미입니다. 따뜻한 피는 온기와 열정과 너그러움으로, 차가운 피는 한기와 단절과 냉정함으로 받아들이는 그런 느낌 말입니다. 이런 보편적 정서는 다른 동물들에게까지 확장됩니다. 혀를 날름거리는 뱀을 냉혈한의 대표적인 이미지로 떠올리고, 열혈한의 상징으로 포효하는 사자를 흔히 사용하는 것도 이런 이유에서죠. 하지만 체온을 기준으로 동물을 온혈 동물과 냉혈 동물로 나누는 분류법은 과학적으로는 그릇된 접근입니다. 온혈 동물의 피가 늘 따뜻한 것만은 아니며, 더더군다나 냉혈 동물이라 불리는 생명체들의 피가 늘 차가운 것도 아닙니다.

대개의 동물들은 종마다 정해진 범위의 체온을 유지합니다. 사람의 경우 정상 체온은 섭씨 36.5±1도 내외이며, 체온이 섭씨 38도 이상으로 올라가거나 섭씨 34도 이하로 내려가면 고열과 저체온증으로 인한 이상 증상이 나타나며, 이를 방치할 경우 심하면 목숨을 잃을 수도 있습니다. 동물 종에 따라 정상 체온의 범위는 조금씩 다릅니다. 여기서 중요한 건, 체온의 표준점 그 자체가 아니라 동물 종마다 허용된 체온을 일정 범위 내로 조절하고 유지할 수 있는 체온 조절(thermoregulation) 기능을 가지고 있다는 겁니다.[1] 어떤 생명체가 견딜 수 있는 체온의 범위를 벗어나면 다양한 신체 반응을 조절하는 효소의 기능이 떨어지고, 세포막의 유동성이 변화되어 물질 교환 양상이 달라지며, 생존에 필수적인 생화학적 기능이 저하되며, 이 상태가 지속되면 더 이상 생존이 어려워지니까요.

따라서 동물들은 저마다 체온을 일정 수준으로 유지하기 위한 여러 진화적 전략을 구축해 왔습니다. 어떤 동물은 체내의 물질 대사 시스템을 이용해서 스스로 필요한 열을 만들어 내는 내온 동물(endotherm)의 길을 걸었고, 다른 동물들은 체온 유지에 필요한 열을 외부 환경에서 공급받는 외온 동물(ectotherm)이 되었으며, 때로는 주변의 온도에 맞춰 체온을 변화시켜 에너지 효율을 높인 변온 동물(poikilotherm)이 되기도 했고, 기온에 상관없이 일정한 체온을 유지해 활동성을 높인 항온 동물(homeotherm)로 진화하기도 했죠.

이 기준에 따라 인간을 분류하면 인간은 '내온성 항온 동물'이라 할 수 있습니다. 체내에서 스스로 열을 발생시키고 외부의 기온과 상관없이 늘 체온을 일정하게 유지하는 경향이 있으니까요. 흔히 항온 동물은 내온성이고 변온 동물은 외온성인 경우가 많기에 이들을 동일시하는 경향이 있지만, 반드시 그런 것만은 아닙니다. 심지어 각각의 대립 상태가 배타적인 것도 아니고요.

예를 들어 새들은 내온성 항온 동물이지만, 날이 추워지면 날기 전에 마치 외온 동물처럼 햇빛을 등지고 서서 몸을 따뜻하게 데운 뒤에 날아오르곤 합니다. 포유류인 다람쥐는 내온성이기는 하지만 추운 겨울이 오면 체온을 거의 어는점에 가까운 섭씨 5도까지 떨어뜨린 후 겨울잠을 자는 등 변온 동물의 특성을 보이기도 합니다. 반면 열대의 바다에 사는 해파리들은 비록 변온 동물이지만 주변의 환경이 늘 따뜻하고 안정적이기에 일평생 체온의 변화가 거의 없는 항온성 상태를 유지하며, 심지어 차가운 바닷물 속에 사는 장수거북은 비록 외온성이기는 하지만 주변 온도에 비해 체온을 섭씨 15도 이상 높은 상태로 일정하게 유지하는 항온성을 보이기도 합니다.

장수거북이 '따뜻한 피'를 유지할 수 있는 건, 그 어마어마한 몸집 때문입니다. 장수거북은 이름 그대로 수명이 매우 긴 동물이며, 다 자라면 몸무게가 700킬로그램에 달할 정도로 체구가 어마어마합니다. 이렇게 큰 몸집은 그 자체로 열을 가두는 단열 기능을 보유하게 됩니다. 이는 간단한 수학적 결과입니다. 몸길이가 2배 증가하면 체표면적은 4배, 체구는 8배 증가합니다. 따라서 몸집이 클수록 부피당 체표면적이 줄어들기 때문에 일단 한 번 몸이 따뜻해지면 쉽게 식지 않습니다. 이런 현상을 '거대 항온성(gigantothermy)'이라고 하는데, 과학자들은 이에 근거해 이전 세기 '냉혈 동물'로 알려진 공룡의 상당수도 '거대 항온성 온혈 동물'이었을 것으로 추측합니다. 공룡의 커다란 체구는 그 자체로 훌륭한 열 보관소였을 테니 말이죠.

이 거대 항온성 덕분에 몸집이 크면 클수록 열을 저장하기는 쉽지만, 반대로 열을 발산하기는 어려워집니다. 그래서 몸집 크기로는 둘째가라면 서러워할 코끼리들은 진화 과정에서 털을 탈락시켰습니다. 털은 매우 효율적인 단열 기관이어서 체온을 유지하는 데 결정적인 역할을 하기 때문입니다. 하지만 이미 내온성인데다가 덩치가 커서 거대 항온성까지 갖춘 코끼리의 경우, 털은 보온의 도구가 아니라 열사병의 원인이 됩니다. 그래서 진화 과정에서 코끼리의 피부에서는 털이 사라졌을 뿐 아니라, 코끼리들은 늘 몸에 축축한 진흙을 발라서 이 속의 물기가 증발하면서 체온을 앗아 갈 수 있도록 하죠. 코끼리들의 진흙 목욕은 한가로운 여가 활동이 아니라, 생존을 위한 처절한 몸짓인 셈입니다.

몸집이 클수록 체온을 유지하기 수월하다는 것은 반대로 몸집이 작을수록 체구 대 체표면적의 비율이 커져서 체온을 유지하기 어렵다는 것을 의미합니다. 그래서 작은 동물일수록 체온을 유지하기 위해 더 많이 먹어야 합니다. 코끼리는 하루에 건초를 100킬로그램씩이나 먹는 대식가이지만, 몸무게가 5톤 가까이 나가는 것을 감안하면, 그 몸무게의 2퍼센트 정도만을 먹는 셈입니다. 몸집이 작은 생쥐는 하루에 3~4그램의 먹이만으로 충분합니다. 하지만 생쥐의 몸무게는 30그램 남짓에 불과하기에, 생쥐는 하루에 제 몸무게의 10~15퍼센트에 달하는 먹이를 먹는 셈입니다. 만약 코끼리가 이렇게나 먹어야 한다면 매일매일 500킬로그램 이상의 건초를 먹어야 하므로 근처의 풀과 나무는 씨가 말라 버릴 겁니다. 이렇듯 작은 동물일수록 몸무게 대비 더 많은 먹이를 먹어야 하는 것은 체온 유지를 위한 에너지가 그만큼 더 필요하기 때문입니다.

먹이가 풍부하고 기온이 따뜻한 시절에는 큰 상관이 없지만, 먹이도 부족하고 날도 추워지는 겨울이 오면 작은 생물들은 생존에 위협을 받을 수 있습니다. 그래서 이들은 추워질수록 한데 모입니다. 작은 체구의 단점을 극복하고자, 한데 모여 커다란 무리를 이루며 거대 항온성을 스스로 만들어 내는 거죠. 이런 동물들의 대표는 단연 펭귄입니다. 황제펭귄은 짝짓기를 한 뒤 암컷은 알을 낳고 먹잇감을 찾아 바다로 떠납니다. 그사이 수컷은 남아서 알을 넓적한 발 위에 올리고 배 아래 늘어진 알주머니로 덮어 알을 따뜻하게 품고는 무려 넉 달 동안이나 꼼짝하지 않고 버팁니다. 이 시기는 하필 춥기로 유명한 남극에서도 유난히 추운 겨울이라 외부 기온은 섭씨 −45에서 섭씨 −50도까지 내려가고 시속 160킬로미터에 달하는 칼바람이 부는 혹독한 시기입니다. 이런 시기에 아무것도 먹지 않고 섭씨 38~39도의 체온을 유지하면서 넉 달 동안 버티기는 아무리 생각해 봐도 무리입니다만, 황제펭귄은 수없이 긴 세월 동안 이를 묵묵히 견디며 살아왔습니다.

이들이 생존할 수 있었던 결정적인 이유는 집단적 거대 항온성입니다. 수천 마리의 황제펭귄들은 좁은 지역에 빽빽하게 모여들어 서로 몸을 밀착시켜 온기를 유지합니다. 펭귄이 이렇게 모여 있는 것을 허들링(huddling)이라고 하죠. 허들링이 잘 된 곳은 따뜻한 온기를 유지합니다. 물론 가장자리는 여전히 춥습니다. 이렇게 그대로 있으면 가장 바깥쪽의 펭귄들이 추위를 이기지 못해 쓰러질 것이고. 그럼 허들링 집단의 크기가 줄어들면서 전체적으로 열을 보존하기가 더 어려워질 겁니다. 그래서 펭귄들은 마치 끊임없이 돌아가는 뫼비우스의 띠처럼 조금씩 조금씩 자리를 이동해 가며 안팎으로 움직여 체온을 나누며 혹독한 겨울을 버텨 냅니다.[2]

펭귄이 허들링을 하는 것은 단지 추위를 견뎌내기 위해서만은 아닙니다. 허들링은 이 시기 펭귄들의 절대적 생존 전략입니다. 과학자들이 계산한 바, 남극의 환경에서 넉 달 동안 체온을 유지하고 버티기 위해서는 약 25킬로그램 이상의 지방 조직이 필요합니다. 하지만 각각의 펭귄들이 체내에 저장할 수 있는 지방의 최대량은 20킬로그램을 넘지 못합니다. 수학적으로 계산하면, 이들은 절대로 겨울을 날 수 없습니다. 하지만 현실에서 펭귄들은 허들링을 통해 체온을 나누면서 에너지를 절약합니다. 허들링은 펭귄의 신체 대사 효율을 16퍼센트 이상 증가시키기에, 비록 펭귄들은 기진맥진해지기는 해도 겨울이 끝날 때까지 살아남을 수 있습니다. 혹자는 이를 두고, 허들링을 하여 온기를 나누지 못하는 펭귄은 혹독한 남극의 겨울을 견디지 못하고 굶어 죽는다고 표현하기도 합니다.

꼭 내온성 동물만 거대 항온성을 유지하는 것은 아닙니다. 외온성 변온 동물인 꿀벌은 겨울이 되면 벌집 가운데로 모여서 열심히 날개를 떨어댑니다. 날개의 떨림은 열을 발생시키는데 이들이 한데 모여 있을수록 열손실이 적어 높은 온도를 더 잘 유지할 수 있습니다. 그래서 바깥이 영하로 내려가는 한겨울에도 벌집의 한 가운데는 섭씨 32도의 한여름 날씨를 유지할 수 있습니다.[3] 물론 꿀벌들도 펭귄들처럼 순서를 지켜 한동안 가운데에서 꿀을 빨며 온기를 즐기다가도 순서가 되면 바깥쪽에 있는 동료들과 자리바꿈을 잊지 않습니다. 온기는 나눌수록 커지는 법이라는 사

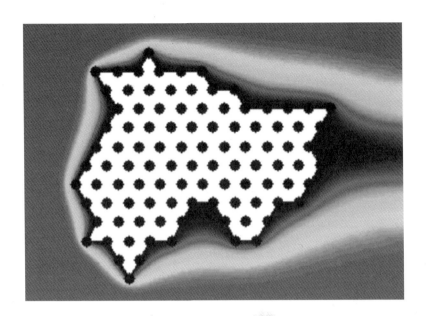

펭귄들의 허들링 모형. 붉은색일수록 온도가 높고 파란색일수록 온도가 낮다. 펭귄들이 촘촘하게 모인 곳은 온도가 높고, 튀어나와 있는 곳은 온도가 낮다. 온도가 낮은 곳에 있는 개체들은 좀 더 따뜻한 쪽으로 이동하려 하고, 이런 움직임에 의해 집단 내 개체들은 좀 더 수월하게 체온을 유지할 수 있다.

25. 따뜻하게 품어 주다

실을 모두 알고 있기라도 하는 듯 말이죠.

지난 2020년 이후, 우리는 팬데믹의 영향으로 비대면이 일상화되고 인간 관계가 다른 형태로 재편되는 3년을 겪었습니다. 비대면 온라인 소통이 일상이 되면서, 오히려 사람들과의 소통은 더 쉬워졌습니다. 전화로, 메신저로, 영상으로 언제 어디서든 실시간 소통이 가능해졌으니 말이죠. 하지만 소통이 쉬워졌다고, 외로움이 줄어든 것은 아닙니다. 사회적 체온 조절 이론을 정립한 한스 이저맨(Hans Ijzerman) 박사는 내온성 항온 동물인 인류의 진화사는 체온을 유지하기 위해 고군분투한 기록이라 주장합니다.[4] 혹독한 세월 동안 우리가 멸종하지 않고 살아남을 수 있었던 건, 서로의 체온을 나누며 함께 협동했기 때문이라는 것이죠.

수백만 년에 이르는 시간 속에 우리 유전자에 아로새겨진 온기에 대한 갈망은 단지 보고 듣는 것만으로는 충분치 않습니다. 인간은 외로움과 추위를 제법 훌륭하게 견뎌낼 수 있지만, 시련을 기꺼이 견뎌내는 것만이 미덕은 아닙니다. 애초에 시련을 덜 서럽게 만드는 것이 있다면, 시련을 피할 수 있다는 것이 있다면 말이죠. 나누는 온기는 외로움과 추위를 훨씬 헐한 것으로 만들어 줄 수 있습니다. 어쩌면 그것이 당신의 체온이 섭씨 36.5도로 유지되는 이유일지도 모릅니다.

26.
인큐베이터의
탄생

영화라는 매체의 장점 중 하나는 각자의 생각 속에 상상하던 장면들을 시각적인 이미지를 통해 직접 전달한다는 것일 겁니다. 잘 만들어진 영화 속 명장면은 그 영화의 주인공이나 줄거리보다 더 오래 뇌리에 각인되어 커다란 울림을 주곤 합니다. 제게도 인상 깊게 본 영화의 몇몇 장면들이 사진처럼 찍혀 남아 있습니다. 그중 하나가 1999년 개봉한 영화 「매트릭스」에 등장했던 인간 배터리였습니다.

강한 인공 지능이 지구를 장악한 시대. 인간의 쓸모란 지능도 능력도 아닌, 겨우 그 몸에서 자체적으로 만들어 내는 생체 전기뿐입니다. 그저 예비용 배터리로서의 쓸모일 뿐이죠. 인간은 커다란 고치처럼 생긴 인큐베이터 안에서 태아처럼 영양액에 둘러싸인 채, 인공 지능이 뇌에 직접적으로 제공하는 환상에 갇혀 스스로는 실제 세계에 살고 있다고 믿는 일종의 꿈을 꾸며 살아갑니다. 다른 인간들의 죽은 몸을 분해해 만든 영양액 속에 잠겨 인공 지능이 뇌에 주입하는 신경 자극을 삶으로 인식하며 살아가다가, 죽으면 다시 다른 이의 영양액이 되어 물질 순환의 고리에 들어가는 것이 「매트릭스」가 그린 미래 세계 인간들의 보편적인 삶이었습니다. 당시 이 영화는 많은 이들에게 신선한 충격을 주었지만, 그중에서도 제 뇌리에 남은 기억은 영화처럼 자궁을 따로 떼어내 몸 밖에서 아이를 키워낼 수 있다면 어떨까 하는 의문이었습니다.

오랜 진화의 산물인 우리의 몸은 사소한 부분 하나까지도 대개는 기능적인 의미가 있으며, 우리 몸에서 분리되는 순간 그 의미까지도 사라지고 맙니다. 우리는 심장이 없이 살아갈 수 없습니다. 수정 후 5주경부터 박동하기 시작하는 심장의 펌프질이 단 몇 분이라도 멈춘다면, 극히 드문 예외적인 경우를 제외하고는, 미래를 볼 수 없게 됩니다. 하지만 이렇게 중요한 심장이라고 하더라도 몸에서 떨어져 나온다면, 다른 사람 몸에 이식된다면 모를까, 단독으로 기능할 수 없습니다. 몸에서 떨어진 심장은 그저 질긴 근육 주머니일 뿐입니다.

이처럼 신체 기관들은 그 몸 안에 있을 때만 기능하고 의미를 가집니다. 하지만 자궁은 다릅니다. 자궁은 생존에 필수 불가결한 기관은 아닙니다. 여러 가지 이유로 처음부터 자궁이 없거나, 혹은 제거한 사람들도 별다른 이상 없이 살아갑니다. 자궁은 내부에 태아를 품고, 그 태아에게는 최초의 세상이 되어 줍니다. 즉 자궁 내부 자체가 하나의 개별적 환경인 셈이죠. 그것이 생물학적 몸과 연결되어 있든 기계로 조절되든, 따뜻하고 안전하며 영양분이 풍부하고 노폐물을 잘 제거해 주면서 내부 환경을 적절하게 유지할 수 있다면, 자궁의 역할은 충실히 수행하는 셈입니다. 그렇기에 SF적인 상상력을 다룬 작품들에서는 아주 오래전부터 인간의 몸과 분리되어 기능하는 자궁, 즉 인공 자궁을 다루어 왔습니다.

올더스 헉슬리(Aldous Leonard Huxley, 1894~1963년)의 『멋진 신세계(*Brave New World*)』에서 아이들은 통제화된 인공 자궁 속에서 태아기 시절부터 자신들의 계급과 사회적 역할에 맞는 약물 및 세뇌 교육을 받고 태어납니다.[1] 영화 「아일랜드(Island)」에서는 복제 인간을 생산하기 위한 인공 자궁이 언급됩니다.[2] 최근에 개봉한 영화 「팟 제너레이션(The Pod Generation)」에서는 인공 자궁이 현실화된 세상을 그리며 다양한 생각거리를 던져 주고 있기도 하죠.[3]

하지만 과학이 발전한 현대에도 여전히 인공 자궁은 현실화되지 않았습니다. 다만, 자궁의 역할을 보조하는 인큐베이터가 개발되어 일찍 태어난 아이들의 생존을 돕고 있죠. 저 역시도 태어난 이후 첫 밤을 맞이한 곳이 인큐베이터였습니다. 출산 예정일보다 4주 일찍, 몸무게 2.2킬로그램으로 태어난 저체중아여서 인생 초기 며칠은 인큐베이터에서 보내야 했죠. 제가 쌍둥이를 임신했을 때는 인큐베이터 및 신생아 중환자실 시설이 잘된 대학 병원에서 출산을 했습니다. 쌍둥이들의 경우는 조산율이 높고, 단태아보다 몸무게가 작게 나가는 경우가 많기에 그에 대한 대응이었지요.[4] (다행스럽게도 쌍둥이 아이들은 인큐베이터에서 생의 첫날을 맞이하지는 않았습니다.)

근대 이전, 미숙아(출생 체중 2.5킬로그램 이하의 저체중아와 재태 기간 37주 미만의 이른둥이를 통칭하는 말, 이후 '이른둥이'로 지칭합니다.)로 태어난 아기들은 별다른 처치를 받을 수 없었고, 따라서 이들의 사망률은 매우 높았습니다. 이런 아기들을 구할 방안을 적극적으로 고안한 사람 중에 프랑스의 의사 에티엔 스테판 타르니에르(Étienne Stéphane Tarnier, 1828~1897년)가 있었습니다.[5] 그는 이른둥이들을 살리기 위해서는 아기들을 깨끗한 곳에 격리함과 동시에 아기들이 체온을 잃지 않도록 그 공간을 따뜻하게 해 주어야 한다고 생각했습니다. 그의 아이디어는 병아리를 인공적으로 부화시키는 부화기에서 기원했다고 합니다. 병아리는 달걀에서 태어나지만, 모든 달걀이 다 병아리가 되는 건 아닙니다. 반드시 어미 닭이 일정 기간 이상 따뜻하게 품어 주어야만 비로소 발생을 지속해 알껍데기를 뚫고 태어날 수 있습니다. 아무리 싱싱하고 튼튼한 달걀이라도, 어미 닭이 품어 주지 않고 방치한다면 병아리가 되기는커녕 얼마 못 가 썩어 버릴 겁니다.

타르니에르 박사는 여기에 주목했습니다. 이르게 태어난 아기들이 쉽게 죽는 건 아무래도 따뜻한 엄마 몸속에서 너무 일찍 나온 탓에 체온 조절을 하지 못해서인 건 아닐까? 그래서 그는 이 원리를 응용해 그는 유리 덮개가 달린 나무 상자에 갓난아기를 넣고, 나무 상자 아래쪽에 뜨거운 물병을 넣어 두어 상자 내부가 늘 따뜻하고 습하게 유지되도록 신경을 썼습니다. 별다른 의학적 장비나 처치가 들어간 것이 아님에도 불구하고, 이 '뜨거운 물병 상자'만으로도 이른둥이의 사망률을 28퍼센트나 떨어졌습니다. 이는 실제로 주수보다 일찍 태어난 아기들의 상당수가 체온 조절 미숙으로 인한 저체온증으로 사망하는 경우가 많았기 때문이었습니다. 이후 인큐베이터는 다양한 방식으로 개선되었지만, 이 인큐베이터를 안정적인 상태로 유지하기 위해서는 많은 돈이 든다는 것은 계속 문제로 남았습니다.

이런 상황에서 폴란드 출신의 의사 마르틴 쿠니(Martin Couney, 1869~1950년)는 이 아이들을 살리기 위해 다소 기괴한 발상을 해냅니다.[6] 아기들을 살리기 위해 사람들 눈에 아기들을 노출시키는 거였죠. (자료에

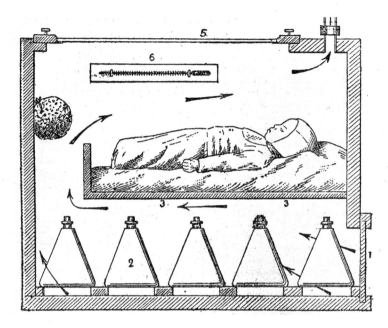

타르니에르가 1883년 고안한 최초의 인큐베이터.

따르면 쿠니는 의학을 공부한 것이 맞지만, 공인된 의학 박사 학위가 없다고 합니다.

그렇다면, 의사도 아닌 이가 의학적 발전에 큰 공헌을 한 셈이죠.) 그가 활동하던

19세기 말, 20세기 초는 과학의 힘을 만방에 알리는 과학 박람회가 유행

하던 시절이었습니다. 그는 세계 각국의 과학 박람회를 돌아다니며, 인판

토리움(infantorium) 혹은 아기 부화장(baby hatchery)이라는 이름으로 인

큐베이터를 설치하고, 그 안에 이른둥이들을 넣어 두고 이 연약한 아기들

이 이 작은 상자 안에서 무사히 자라나는 것을 대중에게 돈을 받고 공개

했습니다.

　　지금 생각하면 끔찍한 일입니다. 아무리 아기들을 살리기 위해서라

지만, 아기들을 구경거리 삼게 만들다니요. 하지만 당시는 각종 신체 기

형을 가진 이들의 퍼포먼스를 '프리크 쇼(freak show)[7]라 하여 즐기고, 전통적 생활 습성을 고수하고 있던 타 인종들의 사람들을 잡아다가 관람하던 것이 큰 문제가 되지 않던 시기였습니다. 진귀하고 신기하고 감동적인 장면들을 보기 위해서라면 기꺼이 지갑을 여는 이들은 얼마든 있던 시대였습니다. 이런 사람들의 눈앞에 아직 세상과 맞서기에는 너무나 작고 여린 아기들이 육중한 기계에 연결된 커다란 유리 상자에 담긴 채 생명의 끈을 이어 가는 장면이 등장했습니다. 그 감동적인 장면을 보기 위해 기꺼이 25센트를 지불할 사람들은 얼마든지 있었죠.

이후 이 '인큐베이터 쇼'는 유행처럼 번져 나갔고, 한시적 행사인 과학 박람회가 끝난 이후 코니 아일랜드 놀이 공원에서는 이를 상설 전시장으로 만들었을 정도였습니다.[8] 지금 같아서는 아기들의 인권을 생각하지 않은 비윤리적인 행위로 지탄받아 마땅한 일이지만, 당시 이 아기들의 대부분은 부모가 키울 능력이 없어 구빈원이나 자선 병원에 버려진 이른둥이들이거나, 부모들이 키우고 싶어도 경제적 능력이 부족해 아이를 살릴 방법이 막막한 경우가 많았죠.

당시에도 의학용 인큐베이터는 있었습니다. 하지만 이들의 하루 이용료는 12달러 선이었는데, 현재의 화폐 가치로 환산하면 400달러(한화 약 54만 원)가 넘는 액수입니다. 짧게는 몇 주에서 길면 수개월을 인큐베이터의 도움을 받아야 하는 이른둥이들의 처지를 생각해 보면, 이른둥이를 둔 부모들에게는 큰 부담이었습니다. 하지만 쿠니는 부모들에게서 인큐베이터 비용을 한 푼도 받지 않았으며, 모든 비용을 자신이 부담했습니다. 그랬기에 관람객들이 지불하는 관람료는 이 아기들을 살리는 데 결정적이었고, 이들의 관심과 입소문은 인큐베이터 시설을 더욱 개선하는 데

1909년 미국 시애틀에서 열린 만국 박람회의 인큐베이터 쇼.

일조했기 때문에, 논란의 와중에서도 지속될 수 있었죠.

또한 쿠니는 아기들을 구경거리로만 이용하는 것이 아니라, 간호사들의 관리에도 힘썼고(당시 이 쇼에 고용된 간호사들은 담배와 술이 금지되었으며, 아기를 돌보는 전문적 훈련도 따로 받아야 했습니다.), 훈련된 간호사들의 시범을 통해 인큐베이터의 아기들을 어떻게 돌봐야 하는지도 공개하며 많은 부모와 의료진들에게 아기는 그저 '크기만 작은 인간'이 아니며, 환경을 정비하는 것뿐 아니라 애정을 가지고 정성스럽게 돌보는 손길을 제공해야 제대로 생존하고 성장할 수 있다는 사실을 교육하는 용도로 이 시설을 운영했다고 합니다. 그랬기에 수많은 논란 속에서도 코니 아일랜드에 설치된 베이비 인큐베이터 쇼장은 1903년부터 1943년까지 무려 40여년이나 지속되었고, 이 시설을 통해 생명을 구한 아기들은 6,500명에 이른다고 합니다.[9] 쿠니의 딸 힐데가르트도 1907년 1.4킬로그램의 미숙아로 태어났습니다. 이전부터 미숙아의 생존에 관심이 있던 쿠니는 이후 더욱 더 열심히 인큐베이터 쇼에 매달렸습니다. (다행히도 힐데가르트는 생존했고 무사히 어른이 되었습니다.)

19세기 말, 20세기 초의 서구 사회는 우생학의 열풍이 불던 시기였습니다. 우생학이란 말 그대로 '우수한 형질의 개체를 번식시키는 학문'이라는 뜻으로, '인간 종의 질적 향상을 위해 우수한 인간을 양성하는 일에 적극적으로 나서야 하며, 인류의 건강한 존속에 방해가 되는 열등한 인간의 번식을 제한하거나 심지어 제거하는 것'이 바람직하다고 주장하던 사이비 과학입니다. 이 우생학은 사회 곳곳에 스며들어서 심지어 의사들조차도 종종 이른둥이들은 '생존율이 떨어지는 약한 개체'이므로 도태되도록 두는 것이 종의 우수성을 지키는 일이라 생각해 치료에 적극적이지 않은 경우도 많았습니다.

이런 이들에게 쿠니는 데이터로 자신의 신념을 증명합니다. 쿠니의 인큐베이터를 이용한 이른둥이들의 생존율은 무려 85퍼센트에 이르렀고, 이후 이 아이들은 보통의 아이들과 큰 차이 없이 자라났습니다. 그러니 이른둥이들은 '약해서 도태되어야 할 존재'가 아니라, '조금 일찍 태어났기에 약간의 손길이 더 필요한 아이들'이며, 이른둥이들이 지니는 연약함의 실체는 유전적 우열에 따라 결정되는 것이 아니라, 이들을 돌보는 사회적 지원의 정도에 따라 결정됨을 보여 준 겁니다. 약하게 태어나서 약한 것이 아니라, 사회가 이들을 약한 존재로 남아 있게 강제하기 때문에 약한 것이라고 말이죠.

27.
면역학적 관용에서
사회적 관용으로

1943년, 한 여성이 아이를 낳았습니다. 생명의 탄생은 가장 축복받아야 할 일임에도 불구하고, 이 아이의 첫 숨은 눈물과 한탄 속에서 시작됩니다. 아기는 극소 저체중아로 생존이 불투명했고, 심지어 청각과 시각, 인지 발달 장애까지 가지고 있어서 살아난다고 해도 남들보다 더 불편한 삶을 살게 될 것이 확실해 보였습니다. 이 아기를 안아 든 부모의 마음은 얼마나 힘들었을까요?

이 비극적인 사건은 이 아기의 엄마가 세상 모든 것을 다 가진 듯한 사람이었다는 데서 이슈가 되었습니다. 아기의 엄마는 진 티어니(Gene Tierney, 1920~1991년). 부유한 가문에서 남부럽지 않게 자랐으며, 할리우드의 떠오르는 별로 모든 것을 다 가진 듯한 그녀의 삶에 왜 이런 일이 일어났을까요?

그녀의 불행은 우연한 일이었을 수도 있습니다. 그런데 몇 년 뒤, 그

1940년대 할리우드 스타, 진 티어니.

녀의 팬이라고 다가온 한 사람이 그녀에게 고백을 합니다. 몇 년 전, 그러니까 그녀가 아이를 낳기 전에 진 티어니가 팬들과 직접 만나 포옹하고 가벼운 볼 키스를 나누는 이벤트를 연 적이 있습니다. 그때 그 여성은 풍진에 걸려 격리소에 격리된 상태였는데, 티어니를 너무도 보고 싶은 나머지 격리소를 몰래 빠져나와 이벤트에 참여했다는 겁니다. 이 열성 팬으로 인해 티어니는 풍진에 감염되었고, 그녀의 딸은 선천성 풍진 증후군(congenital rubella syndrome, CRS)을 가진 채 태어났던 것이죠.

선천성 풍진 징후군은 임신 20주 이내 임신부가 풍진에 걸렸을 때 태아에게 나타날 수 있는 질환으로, 심각한 발육 부진, 청각 장애, 백내장, 심장 이상, 발달 지체 등의 기능 이상이 나타날 수 있습니다. 임신 주수가 적을수록 발병 위험이 커서, 임신 12주 이전에 감염될 경우 최대 90퍼센트의 태아에게서 시력, 청력, 심장 등에 심각한 손상이 나타날 수 있지만, 임신 12~20주의 경우에는 손상이 경미해지며, 20주 이후에는 큰 문제가 없는 것으로 알려져 있습니다.[1]

보통 임신을 하게 되면, 여성들은 온갖 불안감에 시달립니다. 이제 내 몸은 더 이상 나만의 것이 아닙니다. 나보다 더 작고 연약한 아기가 내 몸속에 있고, 그 아이의 생사는 오로지 내게 달려 있으니까요. 그러니 먹지 않아야 할 무언가를 먹어서 혹은 먹어야 할 무언가를 먹지 않아서, 무언가를 했기 때문에 혹은 하지 않았기 때문에, 무언가를 겪거나 혹은 겪지 않아서 아기에게 이상이 생길까 봐 전전긍긍합니다.

단지 기분만 불안한 것이 아닙니다. 실제로 임신은 면역력을 약화시켜 평소에는 별다른 이상 없이 지나갈 가벼운 질병도 임신부에게는 치명적일 수도 있고, 앞서 말한 풍진을 비롯해 수두, 수족구, 톡소플라스마증, 리스테리아 감염증 같은 질환들은 원래 건강한 성인들은 거의 걸리지 않거나 혹은 걸리더라도 별다른 문제 없이 지나가지만 임신부는 상대적으로 높은 확률로 감염되고 감염 시 태아에게 치명적일 수 있습니다.

제게도 비슷한 경우가 있었습니다. 쌍둥이 임신 초기, 큰아이가 수두에 걸렸었거든요. 다행히도 저는 어린 시절에 이미 수두에 걸린 적이 있었기에 이미 면역력이 있어 괜찮았지만, 그렇지 않았다면 불행은 제게도 찾아왔을지 모릅니다. 임신 시 걸린 질병이 태아만 위협하는 것도 아닙니다. 간염의 일종인 E형 간염의 경우에도 일반적인 치명률은 3퍼센트 이하지만 임신부의 경우에는 20~25퍼센트까지 올라갑니다.[2] 지난 2009년 전 세계를 강타했던 신종 플루에 감염된 임신부들의 경우에는 신종 플루의 심각한 합병증인 폐렴에 걸릴 확률이 유의미하게 높았다는 연구 결과도 있습니다.[3] 아기를 품고 있으니 한 번에 두 생명을 책임져야 하니 외부 침입에 대응하는 능력이 더 늘어나야 마땅함에도 불구하고, 임신 기간에는 오히려 감염에 더 취약해지고 병증도 더 심각해지는 경우가 많습니다. 왜 그럴까요?

연어는 힘들여 강을 거슬러 올라가고서는 강바닥에 알만 남긴 채 생을 다합니다. 알에서 갓 깨어난 연어에게는 돌봐줄 부모가 없습니다. 연어는 알이었던 시절부터 오로지 세상을 혼자 힘으로 마주해야 하지요. 그나마 거북은 모래를 파서 구덩이를 만들어 알을 덮어 두긴 하지만 알에서 깨어난 새끼 거북은 오로지 혼자 힘만으로 바다까지 기어가야 합니다. 세상에 갓 나온 어린 거북들을 맞이하는 건, 그들을 도와줄 부모와 친지가 아니라 그들을 한입거리로 노리는 천적들뿐입니다. 하지만 사람의 아기는 엄마의 몸속에서 안전하게 열 달 동안 보호받으면서 자라나고, 태어난 이후에도 부모의 보살핌을 받습니다. 그런데 이 과정은 인간적인 관점에서는 매우 아름답고 효율적으로 보이지만, 인체의 관점에서 보면 상당히 부담스러운 일입니다.

우리 몸이 제대로 생존하기 위해서는 '내 것'과 '네 것'을 민감하게 구분하는 것은 매우 중요합니다. 바깥에서 들어온 세균이나 바이러스를 제대로 구분하지 못한다면, 우리 몸은 그들의 먹잇감이자 서식처로만 잠시 존재하다가 생명력을 잃게 될 테니까요. 그래서 필요한 게 면역 체계입니다. 면역 세포는 늘 레이더를 세우고 자신과 타자를 구별하며, 타자에 대해서는 날 선 거부감을 보입니다. 그렇기에 우리는 수많은 이물질로 둘러싸인 환경 속에서도 그럭저럭 제 몸 하나 간수하며 살아갈 수 있는 거죠. 면역 결핍 증후군이 무서운 건, 바로 이 면역 방어막을 망가뜨리기 때문입니다. 종종 피곤하면 입술 주변에 물집이 잡히는 사람들이 있습니다. 헤르페스 바이러스 때문이죠. 헤르페스 바이러스는 우리 몸속에 늘 존재하지만 평소에는 면역 세포들의 위용에 눌려 잠잠하다가 체력이 떨어지고 면역계가 약해지면 귀신같이 그 빈틈을 노려 활동을 시작합니다. 이런 병원체들은 셀 수 없이 많습니다. 그런 관점에서 본다면, 임신은 매우 이상한 현상입니다.

태아는 유전자의 절반은 엄마의 것이지만, 절반은 유전학적으로 완벽하게 다른 사람에게서 온 겁니다. 그러니 정상적으로 기능하는 면역계라면 태아를 거부하는 것이 맞습니다. 하지만 모체는 유전적으로 절반은 타인인 태아를 거부하기는커녕 소중하게 품어서 알뜰살뜰 먹여 살리기까지 합니다. 이는 매우 이상한 현상입니다. 그래서 노벨 생리·의학상 수상자이자 후천 면역 개념에 대한 기초를 닦았던 세계적 면역학자 피터 메더워(Peter Medawar, 1915~1987년) 경은 임신을 일컬어 일종의 "역설(paradox)"이라고 언급하기도 했죠.[4] 어떻게 이런 일이 가능할까요?

면역 세포들은 어떻게 자신과 타자를 구별할까요? 그건 세포들이 각자 자신이 유래에 따른 고유한 이름표들을 표면마다 붙이고 있기 때문입니다. 이 이름표들은 여러 가지가 존재하며, 면역 세포들도 종류가 다양해 각각 교차 체크를 합니다. 예를 들면 면역 세포의 3분의 2를 차지하는 T 세포는 세포 표면의 이름표를 감지해 이 모양이 자신들이 가지고 있는 것과 일치하는지 봅니다. 일치하면 공격하지 않고. 일치하지 않으면 공격하는 것이죠.

그런데 엄마의 자궁 내막에 달라붙은 태아의 세포 중 가장 바깥에 있는 영양막 세포들은 이 이름표 자체를 거의 만들지 않아 T 세포의 감시를 슬쩍 피해 갑니다. 하지만 우리 몸의 면역 세포 중에는 NK 세포라고 하여, 이름표의 종류를 보는 것이 아니라 이름표가 있는지 없는지 감지해 공격하는 종류도 있습니다. 태아의 영양막 세포가 이름표를 만들지 않으면 T 세포는 피할 수 있어도 NK 세포는 피할 수 없습니다. 그래서 태아의 영양막 세포는 모체의 NK 세포의 활성을 저해하는 물질을 분비해 자신을 공격하는 것을 막아냅니다. 이런 복잡한 교란 과정을 통해 결국 태아는 엄마의 면역 거부 반응을 이겨 내고 무사히 자궁 내에 자리 잡습니다. 이를 '면역학적 관용(immunological tolerance)'이라고 하죠.[5]

면역학적 관용은 매우 아슬아슬한 줄다리기입니다. 엄마의 면역 체계가 어느 정도 약화되지 않으면 모체의 면역 세포들은 태아를 공격할 테고 이는 자칫 임신 중단으로 이어질 수 있습니다. 실제로 별다른 이유가 없는 유산을 여러 번 겪은 여성의 혈액을 조사한 결과, NK 세포의 활성과 T 세포의 숫자가 그렇지 않은 여성에 비해 유의미하게 높았다는 연구 결과가 보고된 바 있습니다.[6] 그렇다고 면역 세포의 기능을 지나치게 억제하면 이들의 태아 공격은 막을 수 있겠지만 다른 세균이나 바이러스의 침입은 막지 못할 수도 있습니다. 모체가 병에 걸리면 태아의 생존 역시 보장하기 힘들어지니 균형점을 찾는 것이 매우 중요합니다. 그래서 모체의 면역계는 일단 외부 물질을 감지하는 민감도는 떨어뜨리되, 일단 감지하면 강력하게 반응하는 방식을 취하게 됩니다. 일단은 흐린 눈으로 보아 웬만한 것은 대충 넘기지만, 그 흐린 눈에도 걸리면 그땐 대충 넘어가지 않겠다는 전략이죠.

실제로 임신한 여성과 그렇지 않은 여성의 혈액을 채취해 각각 독감

바이러스를 넣어 보자, 임신한 여성의 혈액에서 훨씬 더 심한 염증 반응이 나타났다고 합니다.[7] 다시 말해, 면역계는 임신 시기에는 외부에서 들어온 물질을 구별해 내는 능력은 떨어지지만, 일단 침입자라고 감지하고 규정하면 자신과 아기를 지키기 위해 이전보다 훨씬 더 높은 강도로 이를 공격하는 셈입니다. 그래서 임산부들은 같은 질병을 걸렸다고 하더라도 임신을 안 한 사람보다 더 심한 증상을 겪곤 하는데, 가끔은 이 증상의 강도 자체가 문제가 되기도 합니다. 폭탄을 떨어뜨려 적군을 공격하려고 할 때, 폭탄이 떨어진 곳에 있는 아군이나 건물의 부수적 피해도 어쩔 수 없이 감당해야 하는 것과 마찬가지입니다. 따라서 아기를 가진 이들은, 자신과 태아의 안전을 위해 병원체와의 접촉 가능성을 최대한 줄이는 게 좋습니다.

임신 시 나타나는 면역학적 관용은 얼핏 패러독스처럼 보이지만, 달리 보면 타자를 대하는 가장 현명한 방법처럼 보이기도 합니다. 흔히 우리는 낯선 이들을 경계하고 타인들이 나와 다르다는 이유로 별다른 이유 없이 거부하거나 배척하는 경우가 많습니다. 하지만 면역학적 관용을 현실의 인간 관계에도 적용해 보면 어떨까요? 나와 다른 이들의 다름과 다양성을 가급적 인정하고 받아들이기 위해 노력하지만, 상대가 정해진 기준을 넘어서는 잘못을 저지르는 경우는 단호하게 대처해 나와 우리와 사회의 질서를 유지하자는 거죠. 적당한 관용과 단호한 제재, 어쩌면 그 균형의 묘미가 인류 생존의 비밀일지도 모릅니다.

28.
후유증에 대하여

몇 년 전 여름, 대상포진에 걸린 적이 있었습니다. 실제 겪어 보니, 대상포진의 악독함에 대한 풍문들은 과한 것도 헛된 것도 아니었습니다. 사람마다 다르겠지만 제 느낌은 불에 데어 화끈거리는 피부를 밤송이로 문지르는 것 같더랄까요. 뜨거운데 따갑기까지 하니 견디기가 어렵더군요. 하지만 그 와중에 더욱더 공포스러웠던 것은 이 통증이 사라지지 않을 수 있다는 사실이었습니다. 대상포진을 앓은 환자 중 일부는, 피부의 병변이 사라졌음에도 불구하고 여전히 그 자리에 통증만 유령같이 남는 후유증인 '대상포진 후 신경통'이 남을 수 있습니다.[1] 대상포진 후 신경통은 심한 경우, 아예 해당 부위의 신경 감각을 제거하는 감각 차단술을 받아야 할 정도로 끔찍한 만성 통증을 유발합니다. 그래서 대상포진의 치료는 가능한 빨리 항바이러스 치료를 해, 후유증이 남는 것을 최대한 억제하는 것이 목표입니다. 재밌는 것은 이렇게 끔찍한 후유증을 남길 수 있는 대상포진이라는 질병 자체가 애초에 수두의 후유증이라는 겁니다.

수두는 주로 어린아이들이 잘 걸리는 바이러스성 질환으로, 열, 근육통과 함께 붉은 발진이 전신에 돋아나는 질환입니다. 그런데 이 수두를 일으키는 바이러스는 병이 나아져도 완전히 사라지지 않고, 인체의 신경절에 길게는 수십 년씩 숨어 있다가 면역력이 약해지는 틈을 타서 다시 비집고 올라와 대상포진을 일으킵니다. 즉 수두와 대상포진을 일으키는 바이러스는 같습니다. 그래서 수두에 면역력이 없는 어린아이가 대상포진 환자와 접촉하면 수두에 걸리고, 수두 바이러스와 접촉한 경험이 없는 사람은 대상포진도 발생하지 않죠. 그러니 대상포진 후 신경통은 '후유증의 후유증'인 셈입니다.

후유증(後遺症)이란 "어떤 병을 앓고 난 뒤에도 남아 있는 병적인 증상. 뇌중풍에서의 손발 마비, 뇌염에서의 정신적, 신체적 장애 따위이다." 라고 사전에 적혀 있습니다. 몸을 다치게 만든 초기 원인이 사라지고 그로 인한 병증이 회복된 뒤에도, 때때로 그로 인한 다른 문제들이 아주 오랫동안 남아서 고통을 주는 것이 후유증입니다. 때로는 후유증 그 자체가 원래의 질병보다 더 심각하게 다가오기도 합니다. 수두의 후유증으로 남은 대상포진이 더 고통스럽고, 대상포진의 후유증인 대상포진 후 신경통이 더 고약한 것처럼, 질병 중에는 질병 그 자체로도 괴롭지만 이후가 더 힘들어지는 것들도 있습니다. 대표적인 질병이 홍역(紅疫, measles)입니다.

홍역은 파라믹소바이러스과에 속하는 홍역바이러스(measles virus, MeV)가 일으키는 감염성 질환으로, 환자는 바이러스에 감염된 후 약 10일간의 잠복기를 거친 뒤 기침, 고열, 안구 충혈, 전신 발진, 코플릭 반점(Koplik's spots, 구강 내부에 생기는 모래알 같은 반점) 등의 증상을 겪곤 합니다.

예로부터 내려오는 관용어구 중에 '홍역을 치렀다.'라는 말이 있습니다. 엄청나게 힘든 일을 겪어낸 사람에게 위로차 건네는 말이죠. 그 수많은 질병 중에 유독 홍역을 빗댄 관용어구가 생겨난 건, 그만큼 홍역이 아프고 힘든 병이기 때문입니다. 저보다 윗세대 어르신 중에는 어릴 적에 홍역으로 가족이나 이웃을 잃지 않은 분을 찾기가 어려울 정도로 한때 홍역은 아주 흔하고 아주 무서운 병이었죠. 이랬던 홍역 환자를 지금은 거의 찾아볼 수 없는 건 순전히 백신의 보급 덕분입니다. 홍역 백신이 보편화된 이후, 국내에서는 홍역을 앓는 이들이 거의 사라졌고 이제 우리는 열이 나고 기침이 나면 독감이나 코로나를 떠올리지 홍역을 고려하지는 않습니다.

질병 관리청의 감염병 통계에 따르면, 2023년 기준 국내 홍역 백신 접종률은 96.1퍼센트이며 같은 기간 국내에서 발생한 홍역 환자는 총 8명입니다.[2] 그리고 이 8명 모두 해외에서 감염되었다가 국내에 귀국해 발병한 사례였죠. 이처럼 국내에서는 홍역은 거의 사라진 것으로 보아도 무방합니다. 그럼에도 불구하고 홍역의 위험성은 여전히 진행형입니다. 첫 번째 이유는 전 세계적으로는 아직도 홍역이 사라지지 않았다는 것입니다. WHO(세계 보건 기구)의 자료에 따르면, 2022년 기준 전 세계 홍역 환자는 923만 2300명에 사망자는 13만 5200명에 이릅니다.[3]

하지만 이보다 더 중요한 이유가 있습니다. 바로 홍역의 무시무시한 전염성입니다. 보통 감염성 질환은 환자의 몸에서 다른 환자에게로 전파하며 줄줄이 연쇄 감염을 일으킵니다. 이때 원인이 되는 세균이나 바이러스의 전염력은 기초 감염 재생산 지수(basic reproductive number)로 평가합니다. 기초 감염 재생산 지수란 해당 질병에 대한 면역력이 없는 사람들과 접촉했을 때 환자 1명이 평균적으로 감염시킬 수 있는 2차 감염자의 수를 의미합니다. 홍역은 이 수치가 12~18에 이를 정도로 높습니다. 높은 감염력으로 유명한 코로나19의 기초 감염 재생산 지수가 2~3임을 감안한다면, 홍역의 강력한 전파력을 가늠할 수 있습니다. 그래서 옛 속담 중에 '홍역은 무덤에서라도 치른다.'라는 말이 있는데, 무덤에 들어간 죽은 이조차도 홍역에서 자유로울 수 없을 정도로 전염력이 강하다는 뜻이 담겨 있습니다. 홍역의 전염력이 이토록 강한 것은 홍역바이러스가 공기 전파 가능하기 때문입니다. 숨을 쉬지 않고 살 수는 없기에, 공기 중에 홍역바이러스가 섞여 있는 한 그 바이러스는 필시 내 몸속에 들어 올 수밖에 없습니다.

최초의 홍역은 기원전 4세기 초에 소에서 유래되어 사람들에게 감염을 일으켰을 것으로 추정되는데, 홍역은 전염성이 너무 강해 한 번 발생하면 집단 전체를 감염시켜 더 이상 감염자가 없을 때까지 유행하기 마련입니다. 모든 사람이 홍역에 걸리고 나아서 면역력을 갖추게 되어야 비로소 바이러스의 유행은 사그라듭니다. 그리고 한동안은 홍역이 유행하지 않다가, 시간이 흘러 홍역에 대한 면역력이 없는 아이들이 어느 정도 수까지 늘어나면 다시 유행하는 패턴을 반복하게 됩니다. 이러다 보니 집단 내의 어른들은 어릴 적에 홍역을 앓은 이들이므로 홍역에 걸리지 않고, 아이들만 계속해서 걸리는 유아 전염병으로 자리 잡게 되는 것이죠.

이것만 해도 무서운데, 여기서 끝이 아닙니다. 홍역의 진짜 무서운 점이 더 있습니다. 1995년에 흥미로운 논문이 하나 발표되었습니다.[4] 여러 개발 도상국 지역의 보건 역학 연구를 하던 이들이 특정 지역에 홍역 백신이 보급되면 아동 사망률이 극적으로 떨어진다는 사실을 발견한 것입니다. 그 정도는 30~86퍼센트로 나라마다 조금씩 달랐지만 홍역 백신이 보급된 지역에서는 예외 없이 아동 사망률이 극적으로 떨어졌습니다. 한창 자라나야 하는 어린아이들이 질병으로 스러지는 것만큼 안타까운 것도 별로 없으니, 아이들의 사망률이 떨어지는 건 두 손 들고 환영할 일이지만, 뭔가 이상한 일이긴 했습니다. 홍역 백신 접종을 했으니 홍역에 걸려 죽는 아이들의 숫자가 줄어드는 건 당연한 일이지만, 단지 홍역 백신만 접종했을 뿐인데 기타 다른 질병으로 인한 사망률도 모두 떨어졌기 때문이었죠. 또 백신으로 인한 아동 사망률의 극적인 저하는 오직 홍역 백신에서만 나타났습니다. 디프테리아나 파상풍, 백일해, 소아마비 백신 등의 다른 백신의 경우에는 해당 질병의 발생률과 이로 인한 사망자 수를 낮추었을 뿐 다른 질병에는 영향을 미치지 않았거든요. 이런 반갑지만 이상한 현상에 과학자들이 관심을 가지지 않을 리가 없습니다. 학자들은 이 현상을 파고들었고, 그제야 홍역의 진짜 위험성이 드러났습니다. 홍역 바이러스는 아이들의 면역력을 떨어뜨리는 주범이었던 것이죠.[5]

공기를 통해 허파로 유입된 홍역바이러스는 먼저 대식세포 안으로 숨어 들어갑니다. 대식세포는 '많이 먹는다.'는 이름(大食)처럼 외부에서 유입된 물질을 먹어 치워 몸을 보호하는 일종의 면역 세포입니다. 보통의 바이러스라면 피해야 하겠지만 홍역바이러스는 대범하게도 이 대식세포 안으로 파고들죠. 그야말로 등잔 밑이 어두운 셈입니다. 그러면 대식세포는 홍역바이러스를 품은 채 림프절로 이동하고, 림프절에 도착한 홍역바이러스는 대식세포에서 나와 이곳에 있는 T 세포와 B 세포 같은 면역 세포의 몸으로 옮겨 갑니다. 마치 에일리언들이 인류를 효과적으로 공격하기 위해 자신들에게 가장 위협이 되는 군인들을 먼저 공격하는 것과 마찬가지입니다.

다행히도 우리 몸의 면역 세포는 종류가 수십 종이나 되기 때문에, 시간이 지나면 다른 면역 세포들이 홍역바이러스를 공격해 퇴치합니다. 다만 이 과정에서 홍역바이러스에 감염된 면역 세포들도 같이 죽습니다. 그래서 홍역에 한 번 걸리게 되면 일시적으로 면역 세포의 수가 감소합니다. 이렇게 줄어든 면역 세포의 수가 원래대로 회복되는 데는 3개월에서 길게는 1년 가까이 걸리기 때문에 이 시기에는 아무래도 면역력이 떨어집니다. 그래서 홍역에 한번 걸렸던 아이들은 홍역에서 회복된 뒤 1년 이내 사망률이 일시적으로 높아집니다.

더 악질적인 것은 홍역바이러스가 림프절에서 주로 파괴하는 면역 세포들은 이전에 걸렸던 질병을 기억하는 기억 면역 세포 종류라는 것입니다. 우리가 어떤 질병에 걸렸다가 나으면 다음에는 같은 원인균이나 바이러스로 인한 질병에는 걸리지 않는 건, 기억 세포들이 질병의 원인을 기억하고 있어 빠르게 대응할 수 있기 때문입니다. 그런데 홍역바이러스는 이 기억 세포들도 공격하기 때문에 홍역에 걸리게 되면 이전까지 획득했던 면역 기억의 대부분을 잃어버리게 됩니다. 이를 홍역에 의한 면역 세포 기억 상실(measles-induced immune amnesia, MIA)라고 부릅니다. 그래서 홍역을 앓은 뒤에는, 이전에 접종했던 백신을 모조리 다시 접종할 필요가 있죠.

이처럼 홍역은 매우 무서운 질병입니다. 20세기 초반까지만 하더라도 전 세계 연간 사망자의 약 1퍼센트가 홍역으로 인한 사망자일 정도였죠.[6] 이 홍역을 퇴치할 방법을 처음으로 찾아낸 것은 1960년대에 들어서였습니다.[7]

1954년 노벨 생리·의학상의 수상자였던 존 프랭클린 엔더스(John Franklin Enders, 1897~1985년)와 그의 제자 토머스 피블스(Thomas C. Peebles, 1921~2010년)가 개발한 홍역 백신이 1963년 최초로 승인되어 판매되기 시작했고, 현재는 '현대 백신의 아버지'라고 불리는 모리스 힐레만(Maurice Hilleman, 1919~2005년)이 1971년 개발한 종합 백신인 MMR 백신(홍역, 풍진, 볼거리를 한 번에 예방할 수 있는 백신)이 주로 쓰이고 있습니다. MMR 백신은 돌 즈음에 한 번, 만 4~6세에 한 번, 이렇게 총 2번을 맞으면 풍진과 볼거리는 최소 12년 이상, 홍역은 거의 평생 면역력이 지속되는 매우 효율적인 백신입니다. 우리나라에서는 1983년부터 MMR 백신이 국가 예방 접종 사업에 포함되었습니다.[8] 이 시기를 기점으로 연간 수만 명에 이르던 홍역 발생자가 연간 5,000명 이하로 줄어들기 시작했고, 1995~1999년에는 감염자가 연간 100명도 채 못될 정도로 줄어들어 홍역이 거의 사라졌다고 생각했습니다.

하지만 늘 방심은 사고를 불러옵니다. 잠시 느슨해진 틈을 타 2000년 한 해 동안만 갑자기 5만 명이 넘는 홍역 감염자가 발생했거든요. 이에 정부에서는 홍역 퇴치에 더욱 적극적인 정책을 내놓았고, WHO에서 권고하는 전 인구의 95퍼센트 이상 백신 접종을 위해 MMR 백신을 접종하지 않으면, 초등학교 입학을 유예시키는 강력한 조치를 취하기 시작합니다. 이런 적극적인 조치로 6년만인 2006년, 우리나라는 WHO의 홍역 퇴치 기준인 전 인구 95퍼센트 이상 백신 접종, 인구 100만 명당 환자 1명 이하의 기준을 만족시켜 홍역 퇴치 선언을 하기에 이릅니다. 이처럼 우리가 더 이상 홍역을 치르지 않게 된 건 이처럼 홍역 백신의 접종에 힘입은 바가 절대적입니다.

하지만 사람들은 감사함을 곧잘 잊지요. 홍역 백신으로 홍역이 사라지자, 사람들 사이에서는 이상한 유행이 번지기 시작했습니다. 바이러스가 아니라 바이러스를 예방하는 백신이 더 위험하다는 근거 없는 헛소문이 퍼지면서, 백신 거부 운동이 퍼져나가기 시작한 겁니다.[9] 게다가 홍역이나 수두 같은 바이러스성 질환은 누구나 한 번씩 치르는 감기처럼 흔한 질병이고 사망률도 낮은 편이니 '인위적인' 백신으로 예방하기보다는 자연스럽게 앓아서 '천연' 면역력을 가져야 더 오랫동안 건강하다는 근본 없는 논리도 생겨났습니다. 그래서 유행한 것이 일명 '수두 파티(pox party, 수두에 걸린 아이와 함께 놀면서 수두에 걸리게 유도하는 것)'라는 위험천만한 행동이 일종의 '챌린지'처럼 번져 나가기도 했죠.[10]

하지만 기억해 두세요. 아무리 어떤 질병이 흔하고 가볍다고 해도 병에 걸리는 건 건강하고 아프지 않은 상태에 비할 바가 되지 못합니다. 하물며 수두나 홍역은 걸렸을 때도 아프지만, 걸리고 나서도 끔찍한 후유증을 가져올 수 있는 '큰' 질환임을 잊어서는 안 됩니다. 이런 질환들은 두말할 것도 없이 피해야 합니다. 여러 가지 정보로 혼란스러울 때, 어떤 것이 더 내 아이를 위한 것인지 잘 생각해 보셔야 합니다.

29.
냉장고 엄마에 대한
오해

지금도 떠올리는 즉시 입가에 '엄마 미소'가 고이는 순간이 있습니다. 첫 아이가 아직 젖먹이이던 시절, 제 품에 안겨 배불리 먹고는 세상 만족스러운 얼굴로 저를 보며 배시시 웃던 순간입니다. 사람의 얼굴 주변으로 광채가 비치고 꽃이 피어나는 CG를 현실에서 그렇게 마주하리라고는 한 번도 생각하지 못했습니다. 내가 너를 사랑하고, 너도 나를 사랑하고, 너도 나도 서로 사랑받고 있음을 알고 있구나 하는 생각이 공기로 전해지며, 모든 것이 충만해지던 느낌을 아직도 기억합니다. 그 순간의 밀도가 얼마나 짙은지, 그 아이가 자라면서 제 속을 뒤집어 놓았던 그 모든 답답한 기억들을 다 더해도, 단 몇 초간의 그 교감의 농도를 이기지는 못합니다. 하지만 모든 부모가 이런 교감의 기쁨을 저절로 가지게 되는 것은 아닙니다. 때로 교감이 불가능할 수도 있습니다. 존 돈반(John Donvan)과 캐런 저커(Caren Zucker)의 『자폐의 거의 모든 역사: 자폐는 어떻게 질병에서

첫째 아이, 생후 5개월 때의 모습.

축복이 되었나(*In a Different Key: The Story of Autism*)』[1]를 접하고 난 뒤, 제게 주어졌던 충만함이 정말로 행운이었음을 알았습니다.

　사람은 사회성 동물입니다. 사회 속에서 타인과 함께 어우러져 살아가는 존재이기에 인간의 아기들은 태어날 때부터 교감하는 능력을 타고납니다. 하지만 타고난 능력이 모두 그렇듯이, 어떤 아이들에게서는 이런 능력이 발현되지 않기도 합니다. 1940년대, 미국의 정신과 의사 리오 카너(Leo Kanner, 1894~1981년)는 처음으로, "자신과 다른 사람들을 연결할 능력이 없는 아이들"에 대한 증례를 학계에 공식적으로 보고합니다. 그리고 덧붙입니다. 이런 아이들은, 단지 타인과의 정서적 접촉에 대한 장애가 있을 뿐, 그 밖에는 신체적 건강이나 타고난 지적 능력에는 큰 문제가 없다고 말이죠.

이전까지 이런 장애가 있는 아이들은 대부분 조현병이나 발달 장애로 치부되었기에 적절한 대우를 받지 못한 채 가정과 사회로부터 고립되었고, 심지어 버려지거나 심각한 학대를 받는 경우도 부지기수였습니다. 1940년대 초반까지만 하더라도 '심각한 정신적 장애'를 지닌 아동의 삶을 더 지속시키는 것이 오히려 고통을 연장하는 일이므로, 이들에 대한 고통 없는 '안락사'를 적극적으로 고려해야 한다는 논문이 학회지에 실리던 시절이었습니다.[2] 물론 이에 반대하는 논문들 역시도 줄줄이 실리기는 했지만, 애초에 이런 논문의 게재가 허용되었다는 사실 자체가 섬뜩합니다. 보통의 아이들처럼 행동하지 않는다는 것만으로도 이 아이가 삶을 이어나갈 가치가 없다고 파악하던 시절에 카너는 다양한 증상들의 뒤편에 숨겨진 '교감하지 못함'이라는 진짜 이유를 찾아낸 것이죠. 그는 이런 아이들에게 부여될 "정서적 접촉으로 인한 자폐적 장애"라는 진단명을 만들어 냅니다.

어떤 증상이 하나의 장애로 인식되고 이를 사회가 받아들이는 과정은 늘 수월하지는 않죠. 대개 그 출발점은 이름 붙이기입니다. 자폐증 역시 마찬가지였습니다. 사람들은 새로운 질병이 명명되면 원인을 궁금해합니다. 원인을 알면 치료가 수월해지고 적어도 집중 공략해야 하는 포인트는 찾을 수 있으니까요. 지금은 자폐증이란 인간이 지닌 교감력의 다양한 연속선상에서 극단 쪽에 치우친 일종의 스펙트럼 장애이며, 뇌가 세상을 인식하고 처리하는 방식과 관련된 특이한 유전학적 표현형임을 알고 있습니다. 원인이 되는 병원체가 존재하는 것도 아니고, 누가 잘못해서 생기는 일도 아닙니다. 그저 '그렇게 태어난 것'입니다. 하지만 처음부터 제대로 된 원인을 찾았던 것은 아닙니다.

역사적으로 사람들은 명확한 원인을 찾을 수 없게 되는 경우, 대개 사회적 약자, 다시 말해 마음껏 비난해도 대응하기 어려운 약한 이들에게로 비난의 화살을 돌리곤 합니다. 근대 이전 흉작이나 돌림병의 원인을 마녀에게로 돌리고, 20세기 초 나치가 독일 경제 몰락의 원흉으로 유태인을 지목한 것이 대표적이죠. 마녀로 몰린 이들의 절대 다수는 남성 보호자가 없이 혼자 사는 여성들이었고, 유태인은 나라조차 없는 이방자 집단이었죠. 사람들은 이들에게 악마의 신부나 예수의 배신자라는 딱지나 원죄를 붙였죠. 자폐증도 마찬가지였습니다. 자폐 증세를 보이는 아이들은 매년 태어났지만, 이들이 이렇게 태어나야 할 결정적인 이유를 찾지는 못했습니다. 정확한 원인을 알지 못하자 사람들은 아주 쉽게 비난의 화살을 또다시 가장 취약한 이들에게 돌렸습니다. 이번에는 아이들의 엄마가 표적이 되었습니다.

논리는 이렇습니다. 자폐증을 가진 아이들은 대개 태어날 때는 별다른 이상을 발견할 수 없습니다. 아이들이 뭔가 다른 아이들과 다르다는 것을 확실히 인정하게 되는 건, 아이가 어느 정도 자란 뒤입니다. 단지 예민해서 타인과의 접촉을 싫어한다고 생각했던 아이가, 부모에게조차 곁을 주지 않는다는 사실을 수천, 수만 번 겪어 보고서야 말이죠. 태어날 때는 별 이상 없었던 아이가 자라니 이상을 보인다? 이는 쉽게 원인이 선천적인 것이 아니라 후천적인 것이라고 의심케 합니다. 하지만 이 아이들은 갓난아이는 아니지만 아직은 사회적 관계 속에 편입될 나이는 아닙니다. 영향을 줄 만한 사람이 주위에 별로 없죠. 그렇다면 누가 원인일까요? 바로 이 아이들의 가장 가까이에서, 아이의 작은 세상에서 절대적인 영향력을 행사하는 인물, 바로 엄마입니다. 이른바 '냉장고 엄마'라 불릴 정도로, 차갑고 냉정하고 매몰찬 엄마들이 아이에게 충분한 사랑을 주지 않아서 아이들이 마음의 문을 닫았다는 것이죠.[3]

누군가의 '뇌피셜'에서 시작되었을 것만 같은 이 엉성한 추측은, 어쩐 일인지 점차 가지를 치고 뿌리를 내리며 점점 확고한 성벽이 되어 갑니다. 참으로 이상한 일이었습니다. 자폐증을 가진 아이를 돌보는 것은 그렇지 않은 아이들을 돌보는 것보다 몇 배나 더 힘든 일이었음에도, 이를 참고 견뎌내는 엄마들이 사실 모든 불행의 원흉이라니요. 아무리 봐도 이 엄마들은 다른 엄마들보다 아이를 더 사랑하는 것처럼 보이는데 말이죠. 이쯤 되면 무너질 법도 한데 냉장고 엄마 프레임은 얼음처럼 굳건해서, 이 엄마들의 의지와 의식과는 별개로 이들의 무의식이 마음 깊은 곳에서 아이들을 제대로 받아들이지 못하기 때문이라는 주장까지 나옵니다.

그리하여 자폐 증상을 가진 아이를 돌보느라 가뜩이나 지친 엄마들은, 마치 중세 마녀 재판정에 선 이들처럼, 자신이 혹시나 순간적으로라도 무의식적으로 아이에게 정서적 거부감을 느꼈는지 곱씹어 찾아내어 고백하며 죄책감과 수치심에 고개를 떨구어야 했죠. 이는 진짜 마녀 재판에 다름없었습니다. 단지 그 엄마들을 심판하는 이들이 피 냄새 풀풀 풍기는 고문관이 아니라, 소독약 냄새가 떠도는 진료실에서 차가운 눈빛으로 그들을 바라보며 사회적 낙인을 찍고자 기다리는 의료인들이나 학자들이라는 차이가 있을 뿐이었지요.

하지만 아무리 엄마들을 비난해도 달라지는 것은 없었습니다. 여전히 자폐 증상을 보이는 아이들은 태어났고, 엄마들이 아무리 진심으로 참회하고 뉘우쳐도 아이들은 달라지지 않았으니까요. 그리고 더 이상한 것은 소위 '냉장고 엄마'들의 모습이었습니다. 그들은 아이를 '얼려서 망가뜨린' 냉혹한 엄마로 비난받으면서도 결코 아무도 아이들을 포기하지 않았습니다. 오히려 그들은 온갖 모욕과 비난을 감수하며, 사회가 아이들을 내치지 못하도록 하기 위해 자신들이 할 수 있는 모든 일을 해냈습니다. 과연 이들이 정말로 냉장고 같은 사람들이었다면, 아무리 죄책감을 크게 느끼더라도 이렇게 할 수 있었을까요? 교감하지 못하는 아이들에 대한 책임을 '차가운' 엄마들에게 돌려 버린 이들이야말로 가장 '꽁꽁 얼어 버린 마음'을 가진 이들이었겠지요.

마녀 사냥의 역사가 그토록 뿌리 깊은 건, 늘 자신과 상관없다고 여겨지는 약자 집단을 타자화시키고 그들에게 비난을 퍼붓는 것이 가장 손쉽고 편리한 해결책이었기 때문일지도 모릅니다. 아무리 인간이 어리석다 하더라도, 수천 년이나 비슷한 방법을 써 왔지만, 문제가 해결되는 것이 아니라 더 많은 희생만이 남긴다면, 이제 그 방법은 그만 폐기할 때가 한참이나 지난 겁니다. 하지만 우리는 여전히 이런 프레임을 너무도 쉽게, 너무도 흔히 사용합니다. 여성과 청년과 아이와 노인과 외국인과 성소수자와 장애인과 병든 이들과 가난한 이들은 쉽게 타자화되고, 원망의 프레임에 갇힙니다. 특정한 그룹의 사람을 지칭하는 말 뒤에 벌레 충(蟲) 자를 붙여 사람을 벌레만도 못한 존재로 격하시키길 서슴지 않습니다. 그들을 마음껏 조롱할 수 있는 건, 그들은 나와 완전히 다른 이질적 존재인 동시에, 나보다는 약자임을 은연중에 인지하고 있기 때문입니다.

정말 그들과 나는 아무런 접점이 없는 완벽하게 '다른' 존재일까요? 면밀하게 따져보면, 그들은 가족이고 친구이고 동료이고 지인인 경우가 많고, 혹은 그렇지 않더라도 같은 인간임에는 틀림없습니다. 우리 역시도

이 땅을 떠나면 이방인이고, 젊음과 부와 지위는 한순간에 무너질 수도 있는 것들입니다. 비난의 대상을 찾기 전에 진짜 책임의 소재를 찾는 것이 더 중요합니다. 냉장고 엄마를 욕하기는 쉽지만, 그 욕설과 조롱이 자폐를 가진 아이들의 삶을 털끝만큼이라도 나아지게 하진 않았으니까요. 항상 그렇듯 비난보다 중요한 건 해결입니다.

30.
집밥이 정답일까?

긴긴 겨울 방학이 끝났습니다. 아이가 등교하는 날, 만세라도 부르고 싶은 심정이었습니다. 지난 겨울 방학은 유난히도 길었습니다. 아이 학교 건물이 노후되어 공사를 해야 했기에 방학이 장장 75일이나 되었거든요. 그 긴 방학 동안 가장 마음의 부담이 되었던 건, 생물학적 인간에게 가장 중요한 행위, 바로 '먹는 것'이었습니다.

아이를 키우는 부모이니 당연히 아이들이 잘 먹어 주면 감사한 일입니다. 그러나 그 감사함과는 별개로 누군가는 먹이는 행위는 이를 책임지는 사람에게 있어서 상당히 많은 노동과 시간을 요구합니다. 성장기 아이들의 건강과 입맛을 모두 고려해서 식단을 짜고, 식사 재료를 준비하고 이들을 다듬고 조리해서 밥상을 차려내고, 먹고 남은 재료들과 잔반들을 갈무리하고 그릇들을 설거지해 정리하는 일까지가 모두 포함되니까요. 학기 중에는 그나마 점심은 학교에서 챙겨 주니 좀 덜한데, 방학 때는

259

'차려서 먹고 치우고 돌아서면 또 밥때'가 돌아오는 무한 반복 사이클이 잠깐의 짬도 없이 돌아옵니다.

한창 자랄 나이의 아이에게는 영양소도 골고루 들고 맛도 좋고 모양도 좋은 것만 먹이고 싶은데, 이른바 제대로 된 집밥을 차린다는 것은 결코 쉬운 일이 아닙니다. 그것도 하루 세 번, 간식까지 챙겨서 말이죠. 게다가 연일 언론을 타고 오르내리는 '집밥 예찬론'까지 더해지면 마음은 더욱 무거워집니다. 밥상 차리는 것이 아무리 힘들어도 집에 있던 재료로 대충 만들어 내놓거나 간편식이나 배달 음식을 사서 먹이는 건 어쩐지 마음에 걸립니다. 참 아이러니한 일입니다. 먹는 행위가, 혹은 누군가에게 먹이는 행위가 이토록 부담스럽다는 것이 말입니다. 옛말에 '자식 먹는 것만 봐도 배가 부르다.'라는 말이 있습니다. 부모가 된 이후, 이 말이 주는 행복감이 뭔지 알았습니다. 실컷 젖을 빨고 난 아이가 한껏 배부른 얼굴로 함박웃음을 지을 때, 처음 먹어 본 음식의 맛에 탄복하며 눈을 휘둥그레 뜨고 놀랄 때, 제 몫으로 따로 시켜 준 키즈 메뉴 한 상 차림에 뿌듯해하며 꽤 많은 양을 다 먹고 나서 스스로도 신기해할 때, 부모는 더없이 흐뭇하고 대견합니다. 제게도 그런 기억은 제 인생에서 가장 행복한 순간으로 남아 있습니다. 하지만 행복하다고 힘들지 않은 것은 아닙니다. 순간 이런 생각이 들더군요. 자식이 먹는 것을 보는 게 왜 그토록 행복하고 기쁜 일일까요?

생물학적으로 먹는다는 행위는 스스로 영양분을 만들어 낼 수 없는 종속 영양 생물의 일종인 인간에게 있어, 생존을 위한 가장 기본적인 행위이며, 살아남는 것을 애써 배워야 하는 어린 개체가 갖춰야 하는 최초의 능력이랄 수 있습니다. 또한 유전자의 복제 열망에 본능적으로 지배

받고 있는 생존 기계의 입장에서는 자신의 유전자를 최대한 공유하는 존재가 잘 먹고 또한 잘살 수 있는 환경을 제공한다는 것 자체가 유전자 사본의 복제 가능성이 매우 큼을 간접적으로 증명하는 지표가 될 테고요. 하지만 이런 생물학적 기능이 전면으로 드러나면, 이 행위에 대해서는 최소한의 효율성만 추구하려고 할 테니, 이는 더없는 귀여움과 가슴 벅찬 흐뭇함이라는 긍정적인 감정으로 예쁘게 포장되어 평생의 행복한 순간으로 자리 잡아야 합니다. 그래야 이 행위를 지속할 테니까요. 유전자의 생존 본능이란 그렇게 효율적이고도 치밀한 것이죠.

이런 환상을 벗기고 객관적으로 본다면, 음식이란, 생명체의 생존에 꼭 필요한 영양소가 모두 포함되어 있고 충분한 양이 제공되며, 이물질에 오염되거나 변질되지 않아 건강에 위해를 끼칠 가능성이 없고, 소화가 잘되어 위장관에 무리를 주지 않으며, 음식의 맛이나 향, 질감 등이 도저히 먹지 못할 만큼 고약하지만 않다면, 일단은 합격입니다. 하지만 이것만이 '좋은' 음식의 전부는 당연히 아닙니다. 앞의 조건들을 모두 충족시키는 것은 환자용 유동식입니다. 모든 필수 영양소가 골고루 들어 있으며 소화 기관에 부담도 적고 위생적이니까요. 하지만 평소에 이를 매일 먹는 이들이라고 해도, 몸이 받아들여 주기만 한다면 기꺼이 이를 포기하고 다른 음식을 선택할 것이 분명합니다. 인간은 움집에 둘러앉아 화덕의 음식을 나눠 먹던 까마득한 시절부터 음식에 단지 영양 공급원이라는 물리적 기능 말고 다른 의미들도 부여해 왔으니까요.

음식에 대한 호불호는 음식 재료와 결과물의 맛과 향, 질감과 온도, 색감과 모양, 식기의 종류와 모양과 음식의 차림새, 음식 재료에 대한 종교적 신념과 가치관, 함께 먹는 이들과의 관계와 식사 예절, 주변의 환경과 분위기 등 다양한 요인의 영향을 받습니다. 여기에 '집밥'이라는 말까지 더해지면, 음식이 만들어지는 공간의 특수성과 음식을 만드는 이의 사랑과 정성이라는 무형적 가치도 더해집니다. 만드는 이의 정성과 사랑이 듬뿍 들어간 음식이라면 원래 그 음식이 가진 영양학적 가치보다 더욱 더 큰 양분이 되어 주리라는 플러스 알파까지 더해지는 것이죠.

문제는 그 플러스 알파가 당연한 것이 되면서부터 발생합니다. 플러스 알파란, 어디까지나 부가적인 것이지 당연한 것이 아닙니다. 종종 집밥 예찬론을 부르짖는 이들 중에는, 집밥에 담긴 정성과 사랑을 넘어, 또다른 플러스 알파까지 더하곤 합니다. 사 먹는 음식이나 즉석 음식은 음식 재료비를 절감하기 위해 더 싼 재료를 쓰고, 미각을 자극하기 위해 설탕과 소금과 향신료를 과다하게 사용하는 경향이 있지만, 집에서 만들어 먹는 음식이라면 내 가족을 위해 좋은 음식 재료를 고르게 되고 자극적인 조미료 사용을 줄이니 몸에 더 좋을 것이라는 기능적 의미에, 집밥은 외식비보다 싸게 먹힌다는 경제적 이유까지 더하는 것이죠.

하지만 생각과 상상은 공짜여도, 음식 재료와 가사 노동은 결코 공짜가 아닙니다. 더 좋은 음식 재료를 고르고 싶지만 식비의 압박을 느끼는 이들도 있을 테고, 요리에 더 공을 들이고 싶지만 시간이 없는 이들도 있습니다. 때로 소량을 요리해야 할 때면, 오히려 사먹는 것이 더 경제적일 수도 있습니다. 하지만 집밥이 정신 건강뿐 아니라 몸 건강에도 좋고 집안의 경제적 건실함에도 더 좋다는 막연한 선입관이 덧칠되는 순간, 집에서 음식을 해 먹이는 이들이 느끼는 부담은 이중삼중으로 배가됩니다.

다시 한번, 음식의 본질로 돌아가 볼까요? 음식은 기본적으로 몸을 유지하기 위한 에너지와 양분을 보충해 주는 것입니다. 그리고 음식은 우리 몸에 흡수되기 전에 '소화'라는 과정을 통해 매우 잘게 쪼개져, 탄수화물은 포도당으로, 단백질은 20종류의 아미노산으로, 지방은 지방산과 글리세롤로 쪼개져 흡수됩니다. 이렇게 분자 단위로 쪼개진 물질들은 애초의 출신이 중요하지 않습니다. 햅쌀로 갓 지은 쌀밥에서 온 포도당이든, 카페라테 위에 잔뜩 얹힌 크림에서 온 포도당이든 모두 똑같은 포도당일 뿐입니다. 이때 중요한 건 우리 몸에서 필요한 포도당의 개수와의 균형입니다. 몸이 요구하는 포도당은 많은데 섭취량이 적다면 기운이 빠지고 힘이 나지 않을 것이며, 그 반대라면 남는 포도당은 지방으로 전환되어 배나 엉덩이, 혹은 내장 사이사이에 남겠지요.

단백질 역시 마찬가지입니다. 콜라겐이 풍부한 돼지 껍데기를 먹는다고 그것이 피부 사이에 스며들어 주름을 채워 주진 않습니다. 이는 모두 소화 과정을 통해 아미노산 수준으로 분해된 뒤 흡수되고, 다시 결합되어 콜라겐을 만들 겁니다. 그리고 애초에 콜라겐을 합성하는 데 이용되는 아미노산들은 먹어서 흡수해야만 하는 필수 아미노산이 아니라, 우리몸의 세포 내 시스템들이 합성 가능한 비필수 아미노산입니다. 필수 아미노산은 우리 몸에 중요하고 비필수 아미노산은 중요하지 않은 것이 아닙니다. 비필수 아미노산은 체내에서 충분히 합성되기에 굳이 음식으로 섭취할 필요가 없는 아미노산을 말하고, 필수 아미노산은 체내 합성이 되지 않아 반드시 음식으로 섭취해 주어야 하는 아미노산을 말합니다. 콜라겐은 그 구성 성분을 따로 먹지 않아도 다른 재료들만 충분하다면 체내에서 합성 가능한 물질입니다. 어차피 아미노산으로 분해되어 흡수될 것이니 그 원재료가 쇠고기든 달걀이든 콩이든 상관없습니다. 여기서도 중요한 건 양입니다. 그저 20종의 아미노산 중 체내 합성량이 부족한 8종

(어린이의 경우 10종)이 골고루 들어 있고, 체내에서 필요한 양만큼만 섭취하면 되는 것이죠. 그러니 아무리 몸에 좋은 것도 과하게 많이 먹으면 좋지 않은 것은 당연합니다.

지난 코로나 팬데믹 시절, 우리는 강제로 거리 두기를 해야 했고 사회 활동을 줄여야 했으며, 집에만 있는 시간이 늘어났습니다. 당연히 외식이 줄어들었고, 집밥을 먹는 횟수와 시간도 늘었습니다. 그런데 이때 우리는 더 건강해진 것이 아니라, 더 살이 쪘습니다. 심지어 한국 건강 증진 개발원의 2021년 조사 결과, 외식 빈도는 절반 이하로 감소했으나 10명 중 4명은 몸무게가 증가했다는 보고도 있었습니다.[1]

집밥도 많이 먹으면 살이 찌며, 영양소란 고심하지 않으면 늘 빠지는 것이 생기기 마련입니다. 깨끗하고 입에 맞고 영양소가 골고루 든 음식을 편안한 분위기에 '적절한 양'만 먹는다면, 그것이 집밥이든, 밀키트이든 큰 차이는 없습니다. 문제는 자신의 필요량을 넘어 너무 많이 먹는 것과 불편한 마음을 함께 먹는(혹은 먹이는) 것일지도 모릅니다. 음식은 우리를 구성하는 모든 것이기도 하지만 때로는 그저 음식일 뿐이기도 합니다. "음식에 그런 정답은 없다."라고 주장하는 약사 출신 음식 평론가 정재훈의 말처럼,[2] 음식에는 정답이 없습니다. 먹는 이가 즐겁고 하는 이도 즐겁고, 구할 수 있는 음식 재료를 골고루 적당히 먹는 것이 유일한 미덕일 뿐이죠.

31.
할머니 가설

평소에 즐겨 보던 카카오 웹툰 「퀴퀴한 일기」의 이보람 작가가 출산으로 인해 잠시 작품을 중단한 뒤, 다시 연재를 시작했습니다. 일상툰답게 출산 이후의 상황을 묘사한 웹툰이 올라왔는데, 그 첫마디가 "살려 주십쇼……"였습니다.[1] 쌍둥이를 얻은 작가의 절규에서, 어떻게 지나갔는지 모를 우리 집 쌍둥이의 신생아 시절이 떠올랐습니다.

갓 태어난 아기는 어른들에게는 이미 너무나 익숙한 세상의 규칙이나 생활의 리듬 같은 건 알지도 못하고, 설사 안다 해도 지킬 수도 없기에 부모 혹은 양육자들을 매우 당황하게 만듭니다. 아기가 부모를 괴롭히는 건, 그럴 의도가 아니라 물리적으로 그럴 수밖에 없어서입니다. 일단 아기의 몸은 매우 작습니다. 2017년에 업데이트된 「소아 청소년 성장 도표」에 따르면 우리나라 신생아들의 평균 몸무게는 남아 3.3킬로그램/여아 3.2킬로그램으로 성인의 수십분의 1에 불과하죠.

몸이 작기에 한 번에 먹을 수 있는 양도 적고, 저장할 수 있는 양도 적습니다. 그럼에도 불구하고 이 작은 몸은 지금 맹렬하게 성장하는 중이기에 단위당 요구량은 결코 적지 않습니다. 그러니 아기는 조금씩 자주 먹어야 합니다 보통 신생아는 4시간 간격으로 하루에 6~7번을 먹는다고 육아책에 나와 있지만, 실제로는 2~3시간 간격으로 보채며 더 간격이 밭을 때도 많습니다. 아직은 스스로 우유병을 쥘 힘도 없기 때문에 누군가가 안아 들고 먹여 줘야 하며, 심지어 먹이고 나서는 트림도 시켜 줘야 합니다. 또 자주 먹으니 자주 배설할 테고, 그만큼 기저귀도 자주 갈아 줘야 합니다. 게다가 쌍둥이라면?! 같은 과정을 두 번 반복하고 나면, 다시 새로운 사이클이 돌아옵니다.

저 역시 쌍둥이를 출산한 후 집으로 온 날부터 녹초가 되어 버렸습니다. 새벽에 깨어난 두 아이를 차례차례 먹이고 재우면, 큰 애를 깨워 유치원에 보낼 시간입니다. 여섯 살 아이가 혼자서 등원 준비를 하기는 무리입니다. 아직 양육자의 손길이 필요한 나이죠. 그렇게 정신없이 아이를 등원시키고 나면 한숨 돌릴 틈도 없이 쌍둥이가 깨어나 다시 배고프다고 혹은 어딘가가 불편하다고 보챕니다. 그럼 또다시 아이들의 생물학적 요구에 부응하느라, 내 몸이 요구하는 소리는 무시할 수밖에 없습니다. 남편도 나름 애를 썼지만, 당시 주말 부부였는지라 주중에는 오로지 혼자서 감당해야 했습니다.

결국 며칠 못 가 이대로는 제가 죽을 것 같아, 베이비시터를 구하기로 했습니다. 하지만 이조차도 쉽지 않았습니다. 대부분 쌍둥이라 하니 고개를 절레절레 흔들었습니다. 그때 구원자가 되어 주신 게, 감사하게도 저를 낳아 주신 엄마였습니다. (물론 엄마에게 베이비시터 비용은 드렸습니다.)

하지만 저도 힘든 일을 이젠 할머니가 되어 버린 엄마가 오롯이 감당하는 건 무리였죠. 그렇지만 엄마가 나서 주신 덕분에 일이 잘 풀렸습니다. 할머니가 한 아이를 맡아 주니, 나머지 한 아이만 돌보는 조건으로 베이비시터를 구할 수 있었고, 그제야 제게도 갑작스레 둘이나 생겨 버린 동생들 때문에 엄청난 혼란을 겪고 있던 큰아이를 돌보고(동생들이 태어난 이후 갑작스레 찾아온 변화에 아이는 잠깐 동안 틱 증상을 겪기도 했습니다.) 그동안 해 오던 사회적 일(글쓰기와 대학 강의 및 대중 강연)를 할 물리적 시간이 다시 생겼습니다. 물론 제 몸에서 요구하는 생물학적 휴식까지 충족할 시간은 쌍둥이가 어느 정도 클 때까지 유예되었습니다만, 그만해도 살 것 같았습니다.

그리고 주변이 보였습니다. 제 또래의 여성 중 여전히 사회적 '일'을 하는 동료들의 상당수는 부모님의 도움을 받고 있었습니다. 저도 아이를 낳기 전까지는 제 자식은 제가 키워야지 다짐하고, 이미 자식 키우느라 등골 빠지게 고생한 부모님에게 또 손을 벌리는 건 염치없는 짓이라 생각했지만, 막상 제 일이 되고 나니 가장 믿을 수 있고 의지할 수 있는 것은 역시 부모님, 그중에서도 엄마밖에 없더군요. '할머니 가설(grandmother hypothesis)'이 이래서 나왔나 싶을 정도였습니다.

할머니 가설이란 미국의 진화 생물학자 조지 윌리엄스(George C. Williams, 1926~2010년)가 1957년 《네이처(*Nature*)》에 발표한 논문[2]에서 처음 제시된 가설로, 포유동물에게서 드물게 인간의 여성에게서 나타나는 폐경 현상에 대한 진화적 해석입니다. 쉽게 말하면, 생식의 짐에서 벗어난 할머니의 존재가 인류 집단의 존속에 도움을 주기 때문에 일정 나이가 지나면 아예 더 이상 번식하지 못하도록 하는 진화적 특성이 고착되었다는 겁니다.

우리나라의 여성들은 평균 49.9세 즈음에 월경이 중단됩니다.[3] 2020년 현재 우리나라 여성들의 평균 수명이 86.4세인 것과 비교하면, 생물학적 수명에 이르기 40여 년 전에 이미 생식 능력이 중단되는 겁니다. 이는 난자가 부족해서도 아닙니다. 인간 여성의 난자는 이미 태아 시절 600만 개 이상이었던 것을 끊임없이 솎아내어, 출생 시에는 100만여 개, 사춘기에는 수만 개로 줄어듭니다. 한번 사정할 때만 해도 수천만~수억 개에 이르는 정자에 비해 매우 적은 수이기는 하지만 여성은 대개 월경 주기 1회에 난자를 1개만 배란하므로, 평생 배란을 해도 전체의 1퍼센트도 배란하지 못합니다. 그럼에도 불구하고 인간 여성의 몸은 35년 내외로 배란을 한 뒤, 남아 있는 난자들을 모두 폐기하고 배란 기능을 정지시켜 버립니다. 이는 포유류에게 있어 매우 드물게 일어나는 현상입니다. 포유동물의 암컷에게 생애 주기가 끝나기 전에 생식력 중단이 일어나는 이런 현상은 인간 외에는 범고래, 들쇠고래, 흑범고래 등 몇 종의 고래류에서만 관찰되는 드문 현상입니다. 임신과 출산과 수유 및 양육의 책임을 거의 떠맡고 있는 포유류의 암컷이 '더 이상 자손을 번식할 수 없는 시기'를 생애 주기 중에 이토록 오랫동안 가지도록 만든 진화적 압력은 과연 무엇이었을까요?

이 질문의 실마리는 폐경이 일어나지 않는 다른 포유류의 습성을 관찰하면서 밝혀졌습니다. 어린 개체의 양육 기간이 긴 동물(고래류, 영장류 등)일수록, 비록 어미는 죽을 때까지 생식력을 가지기는 하지만 나이가 들수록 새끼를 돌보는 기간이 더 길어집니다. 예를 들어 큰돌고래의 수명은 평균적으로 40대 후반까지이며, 죽을 때까지 생식력을 가집니다. 그런데 큰돌고래 어미는, 40대가 되면 마지막으로 낳은 새끼는 이전의 형제자

매에 비해 더 오랫동안, 그러니까 죽기 직전까지 젖을 먹이다가 독립시킨 후 죽음을 맞는 현상을 보입니다. 큰돌고래는 평균적으로 새끼 한 마리당 3~4년 동안 젖을 먹여 키우다가 독립시킵니다. 그런데 막둥이의 경우 보통은 5년, 심지어 8년 동안이나 젖을 먹이곤 한다는 거죠.

생명체의 몸은 나이가 들수록 생물학적 기능이 떨어지지만 임신과 출산과 수유에 필요한 에너지와 자원은 동일합니다. 새끼를 낳고 키우는 데 투여되어야 하는 모체의 기능이 떨어지면, 그런 상태의 어미에게서 태어나는 새끼는 이전의 손위 형제들에 비해 작고 약할 것이고, 당연히 생존력이 떨어질 겁니다. 그렇기에 어미는 나이가 든 이후에는 새끼를 더 낳기보다는, 이미 낳은 새끼의 양육 기간을 늘려서 새끼의 생존을 보장하기 위해 최선을 다한다는 거죠.

그런데 이보다 어미가 더 오래 산다면 어떤 일이 일어날까요? 그러면 생물학적 모체가 더 이상 임신과 출산과 수유를 이전만큼 제대로 할 수 없는 시기가 오지 않을까요? 그런 시기가 오면, 새끼를 낳는 행위는 번식과 유전자의 존속이 아니라 어미와 새끼 모두를 한꺼번에 도태시켜 유전자의 계승을 단절시키는 행위가 될 겁니다. 그래서 새끼를 독립시키는 데 필요한 시간이 상대적으로 길고 친족들이 집단을 이루어 함께 사는 동물들의 경우, 암컷이 어느 정도 나이가 들면 스스로의 생물학적 번식은 중단하고, 그렇게 아낀 에너지를 자신의 피를 이은 자식들의 아이들을 돌보는 데 투자하는 것이 유전자 존속의 입장에서 더 유리할 수 있습니다.

'할머니 가설'이란 바로 이런 겁니다. 나이 든 포유류 암컷은 직접 아이를 낳는 것보다 생식을 중단하고, 자신의 유전자를 이어받은 아이(주로 딸)가 낳은 자녀, 즉 손자녀를 돌보는 것이 집단을 든든하게 번성시키는 데 훨씬 더 도움이 된다는 거죠. 사람의 경우에도 이런 현상이 관찰됩니다. 젊은 여성과 나이 든 여성이 동시에 아이를 낳은 경우, 나이 든 여성이 낳은 아이일수록 생존율이 낮습니다. 그런데 이 두 여성이 혈연 관계라면 어떨까요? 이런 경우, 두 여성이 각각 힘든 임신과 출산을 겪어 두 아이를 낳아 양육하는 것보다는 젊은 여성이 터울을 가지고 아이를 두 번 낳고, 두 여성이 힘을 합쳐 아이를 양육하는 것이 아이의 생존률을 높이는 데 더 유리할 수 있습니다.

처음 할머니 가설을 접했을 때는, 이미 여성에게 지나치게 기울어져 있는 유전자 번식의 부담을 더욱 고착화시키는 가설이라는 생각에 거부감이 들기도 했습니다. 그런데 막상 아이를 낳고 키우다 보니, 아이를 낳고 키우는 데 있어서 할머니의 도움이 절대적으로 중요하다는 것을 몸으로 깨닫게 되더군요. 물론 지금이야 출산 휴가, 육아 휴직, 베이비시터, 어린이집, 혹은 긴급 돌봄의 도움을 받을 수 있어 좀 다를 수 있지만, 오로지 서로밖에 없었던 선사 시대에는 할머니의 존재는 갓난아기의 생존을 좌지우지할 수 있을 만큼 큰 것이었을 겁니다.

아이들은 이제 많이 컸고, 더 이상은 밀착 보살핌은 필요하지 않은 시기가 왔습니다. 아이들이 이만큼 무사하게 자랄 수 있던 데는 엄마인 저뿐만 아니라, 할머니의 도움이 절대적이었습니다. 아직은 먼일이겠지만, 이 아이들이 자라서 자신들의 아이를 낳고 보살필 나이가 되었을 때, 할머니로서의 진화적 역할을 제대로 수행할 수 있도록 지금부터라도 제 몸을 좀 더 보살펴야겠다는 생각이 듭니다. 육아는 뭐니 뭐니 해도 체력이 뒷받침되어야 하니까요.

32.
나는 죽은 뒤
어떻게 될까?

일전에 제가 진행하는 책 소개 프로그램에서 미국의 장의사이자 「장의
사에게 물어보세요(Ask A Mortician)」라는 유튜브 채널[1]의 운영자인 케이
틀린 도티(Caitlin Doughty)가 쓴 『고양이로부터 내 시체를 지키는 방법(*Will
My Cat Eat My Eyeballs?*)』[2]이라는 책을 소개한 적이 있습니다. 다소 엽기적인
느낌도 드는 이 책의 제목은 은유도 비유도 아닌 실제 상황에 대한 더없
이 직설적인 표현이라는 점에서 흥미를 불러일으켰습니다. 내용도 작가
가 죽음에 대한 강연을 하던 중에 어린이들에게 들었던 기상천외한 질문
들에 대해 답하는 것으로 구체적이고 현실적이라 흥미롭습니다. 시신이
움직이거나 소리를 내는 것이 가능한가 하는 질문에, 죽은 이후에도 근
육의 생화학적 반응으로 인해 움찔거릴 수 있고, 장내 세균이 생성하는
기체로 인해 소리가 날 수도 있지만, 벌떡 일어나서 걸어 다니거나 말을
걸어오는 건 불가능하다고 대답한다든가, 화장하고 남은 뼈를 보관할 수

있느냐는 질문에 그냥 뼈를 보관하기보다는 뼛가루를 가공해 아름다운 장신구로 만드는 방법이 있음을 알려준다든가 하는, 다소 엽기적이지만 매우 사실적인 내용들로 구성된 책이었죠.

이 책을 제가 추천한 것은, 죽음이라는 마주하고 싶지 않은 주제에 대해 매우 직설적으로 답하는 작가 케이틀린 도티의 태도가 죽음을 대하는 현대인들의 피상적인 시선에 새로운 시야를 제공할 수 있을 것이라고 생각했기 때문이었습니다. 책날개에 달린 작가 소개에 그녀는 "죽음의 긍정성 운동을 지지하는 장례 지도사"라고 묘사되어 있었습니다. 작가 소개글 그대로 그녀는 죽음에 대해 정말로 '긍정적'입니다. 죽음에 대해 긍정적이라고 해서, 그녀가 죽음을 찬미하고 우리 모두 죽어야 한다고 종용하는 것은 절대 아닙니다. 탄생과 성장이 삶의 순간인 것처럼 죽음 역시도 삶의 일부로 바라보고 편견 없이 직시하고 받아들이는 태도가 필요하다고 주장하는 거죠. 인류가 태어난 이래 죽음을 피한 적은 단 한 건도 없었지만, 죽음을 있는 그대로 직시하는 이들은 많지 않습니다. 특히나 21세기에 안정적인 국가에서 태어난 다수의 사람들에게 있어 죽음이란 피상적이거나 혹은 왜곡되어 받아들여지곤 합니다.

일례로 영화나 드라마 속에서 묘사하는 죽음은 매우 차별적입니다. 주인공의 죽음은 장렬하고 숭고하지만 엑스트라 상대역의 죽음은 매우 하찮거나 대수롭지 않게 그려지거든요. 히어로물의 주인공들이 사랑해 마지않는 누군가의 목숨을 살리기 위해 고군분투하면서 수없이 많은 죽음의 고비를 넘기지만, 주인공을 막기 위해 달려드는 적들은 너무도 쉽게 쓰러져 버리고 그 죽음마저 뒤이어 이어지는 수많은 죽음에 가려져 곧 화면 밖으로 사라집니다. 대개의 슈퍼 히어로들은 특정한 누군가의 죽음을 막기 위해 역설적으로 수많은 죽음을 만들어 내는 경우가 많습니다. 주인공의 분노를 고스란히 받아내고 화면 밖으로 사라진 그들은 어떻게 되었을까요?

도티가 말하는 죽음에 대한 긍정은, 이렇듯 피상적이고 왜곡되게 그려지는 죽음에 대한 덧칠을 벗겨내고 죽음과 그 뒤에 일어나는 현상을 있는 그대로 직시하는 것을 의미합니다. 그 첫걸음을 도티는 사람이 마지막 숨을 내뱉고 심장이 박동을 멈추고 뇌 활동이 정지하고 난 뒤의 순간에 대해 똑바로 직시하는 것부터 시작한다고 생각합니다. 죽음 이후의 신체는 인간으로서 그가 누리거나 가졌던 모든 것에 대한 권리를 행사할 수 없으며, 심지어 자신의 몸을 스스로 움직일 권리조차 제대로 누릴 수 없게 됩니다. 그 몸은 고스란히 타인 혹은 살아 있는 다른 것들에게 맡겨지게 됩니다. 장의사의 손길 혹은 자연의 분해자들에게 말이죠.

도티가 살고 있는 문화권에서는 사람이 죽으면 장의사들이 시신을 깨끗하게 단장하여 관에 눕히면, 가족들은 죽은 이를 둘러싸고 특정한 절차에 맞춰 장례식을 치른 뒤 그대로 매장하거나 화장하여 그 재를 땅에 묻습니다. 인간은 모두 흙에서 나는 것을 먹고살아 왔으니 죽어 흙으로 돌아가는 게 당연하다고 생각하는 일종의 순환론적 개념에 부합하는 방식이지만, 도티는 이 과정을 실제 행하면서 의문을 느낍니다. 장의사의 손길을 거친 시신은 마치 잠을 자는 것처럼 보이지만, 결코 살아 있을 때와 같지 않습니다. 같지 않은 것을 같게 보이려면 약간의 조작과 변형이 필요할 수밖에 없죠.

죽음은 생전에 몸에서 일어나던 모든 생화학적, 생물학적 생명 유지 기작을 사라지게 만듭니다. 죽은 몸은 원래부터 분비되던 소화 효소의 화학 작용과 내장 기관에 공생하고 있던 장내 세균의 생물학적 활동의 합작으로 인해 안쪽부터 녹아내리기 시작합니다. 그 과정에서 피부는 부패해 검게 변하고 내장 기관은 썩어 불쾌한 냄새를 풍깁니다. 이 과정을 제어하기 위해 장의사는 일단 시신의 정맥을 절개해 피를 빼내고, 동맥을 통해 폼알데하이드와 알코올을 섞어 만든 방부액을 주입합니다. 이때 시신의 혈색을 유지하고자 이 방부액 역시도 일부러 붉은색으로 제조하죠. 시신의 혈액을 모두 방부액으로 교체하면 시신의 배 속으로 투관 침을 찔러넣어 시신의 내부에 존재하는 액체 상태의 물질들을 제거하고 역시나 빈 곳에 붉은색의 방부액을 채워 넣습니다. 시신의 내부를 가득 채운 방부액은 시신이 최소한 장례식을 마칠 때까지는 부패하지 않도록 하고, 시신의 몸이 팽팽하게 유지되도록 돕지만, 이후 땅속에 눕힌 시신이 흙으로 돌아가는 과정에는 오히려 방해가 됩니다. 시신을 관에 넣어 땅에 묻는 행위는 몸을 구성하던 물질들이 다른 생명체의 몸으로 이동하는 순환 과정을 물리적으로 차단합니다. 이것이 과연 인간이 죽음을 대하는 최선의 방법일까요?

문득 몇 년 전 취재를 위해 한 법의학 연구소의 야외 실험실에 방문했을 때의 모습이 떠오릅니다. 이 연구소에서는 시신의 사후 변화를 관찰해 범죄 수사 시 필요한 법의학적 자료를 만드는 연구를 하고 있었습니다. 그들은 일반적인 성인의 표준 몸무게와 비슷한 크기의 돼지를 다양한 상황(땅 위/땅 속/물 속 등 다양한 장소와 여름/겨울/장마/건조한 날씨 등 다양한 환경)에 놓아 두고, 그 사후 변화를 관찰하여 기록하고 연구를 수행하는 중이었습니다.

제가 방문했던 시기는 한낮에는 다소 볕이 따갑게 느껴지는 초여름이었고, 이런 시기에 풀숲이 우거진 초지 위에 방치된 사체에 어떤 변화가 일어나는지를 관찰하기 시작한 지 4주쯤 지난 시점이었습니다. 아마도 살아 있을 당시에는 하얗고 제법 통통했을 돼지는 시커멓게 변한 채 속이 빈 가죽 주머니처럼 쭈그러들어 있었습니다. 하지만 그 낯선 광경보다 더욱 견디기 힘들었던 건 사체에서 풍기는 결코 향기롭다고는 할 수 없는 냄새였습니다. 시취(屍臭)가 어찌나 지독한지 눈이 시릴 정도였는데, 연구원은 이곳이 야외인데다가 그나마도 시간이 지나서 많이 약해진 상태라고 말하며 무덤덤하게 사체의 이곳저곳을 들추기 시작했습니다.

그가 들추는 곳곳마다 다양한 벌레들이 우글거렸고, 그는 조심스레 핀셋으로 애벌레와 고치를 집어 시험관에 넣고 하나하나 라벨을 붙였죠. 자연적으로 시신의 분해는 내부 소화 효소와 장내 세균들이 시작하지만 가장 많은 역할을 하는 것은 시신에 몰려든 시식성(屍食性) 곤충들입니다. 시식성 곤충은 파리류와 딱정벌레류, 송장벌레, 수시렁이, 개미 등 다양한데, 사후 시간의 흐름에 따라 시신에 몰려드는 곤충의 종류가 달라지고, 환경 조건에 따라 이들이 발달 단계와 정도가 달라지므로, 시신에서 발견되는 곤충들의 종류와 그들의 월령(月齡)을 알면, 시신의 사망 시간을 역추적할 수 있기 때문이었습니다.

처음 보는 낯선 광경과 낯선 냄새가 망막과 후각 세포에 준 충격이 조금 잦아들자, 그제야 주변이 보였습니다. 자연은 생물을 살게 만듭니다. 식물은 동물에게, 동물은 또 다른 동물에게 먹이가 되어 그들의 몸을 만듭니다. 자연은 죽은 생물조차 살게 합니다. 죽은 육체가 반쯤 썩어 가는 사지를 흔들며 좀비가 되어 뛰어다니고 하는 것이 아니라, 산 것들의 몸속으로 이동함으로써 거대한 순환 고리의 일부가 되는 거죠. 죽은 돼지는 곤충과 세균의 먹이가 되고 균류와 식물들의 양분이 되어 또 다른 생물들의 몸으로 자리를 옮기고, 그 먹이 사슬의 순환 고리에 들어가지 못한 부스러기조차도 흙으로 스며들거나 공기 중으로 날아가 환경의 일부가 되고 있었습니다.

순간 등골이 서늘해졌습니다. 눈 앞에 펼쳐진 광경이 두렵거나 겁이 나서가 아니라, 일견 냉혹하면서도 조화롭고, 단 하나의 분자조차도 낭비하지 않도록 짜인 순환 시스템이 지나치게 효율적으로 느껴져서입니다. 적어도 생물학적 죽음에는 자원의 순환이라는 기계적 효율성 외에는 어떤 의미도 존재하지 않는 듯 느껴져서였습니다. 죽음은 삶의 완성도 아니며, 죽음으로 해결할 수 있는 것은 아무것도 없다는 사실이었습니다. 누군가의 탄생에 원죄를 지울 수 없다면, 죽음에 해결을 미루는 것도 마찬가지일 겁니다.

이야기를 닫으며

이 책은 여성의 몸을 지닌 한 인간이 생물학적 재생산을 거치며 겪는 변화와 특징들을, 과학의 시선과 개인이 입장을 함께 엮어 보고자 나름대로 노력한 결과입니다. 책에서 배운 객관적 지식들과 통계적 자료들이 각자의 개별적인 몸으로 구현될 때 나타날 수 밖에 없는 어긋남을 하나의 결로 묶어 보고자 했습니다. 완벽했다고는 할 수 없지만, 개인적으로는 책을 쓰는 과정을 통해 아이를 품고 낳고 기르는 과정에서 느꼈던 수많은 혼란들을 차곡차곡 정리하며 갈무리할 수 있었기에 적어도 실패하지는 않았다는 생각이 듭니다.

얼마 전에 가족 여행을 가서 사진을 찍었습니다. 화면을 보니 세 아이의 눈높이가 모두 제 것을 훌쩍 넘었습니다. 그러고보니 이제 현관 앞에 놓인 신발 다섯 켤레 중에 제 신발이 가장 작습니다. 언제 키우나 싶었는데, 어느새 이렇게 컸나 싶은 순간이 다가왔네요. 아이들은 앞으로도 더 자라나야 하기 때문에, 혼란의 순간들은 여전히 현재 진행형입니다. 하지만 이전처럼 두렵거나 막막하지는 않습니다. 어떤 것도 장담할 순 없지만, 앞으로 어떤 일이 일어나든 그 역시도 갈무리해 정리할 수 있다는 자신감이 생겼으니까요. 이 글을 읽는 분들에게도 이 같은 느낌이 전해지면 좋겠습니다.

제가 이 세상에 불러왔지만, 저를 이곳에 단단히 뿌리내리게 만든 세 아이와 그들을 함께 이곳에 불러오고 지켜 준 남편, 그리고 저를 이 세상에 존재하게 해 주신 부모님께 무한한 감사와 사랑을 보냅니다.

봄을 기다리며

후주 및 참고 문헌

이야기를 열며

1. 임신영 외, 「사경의 감별 진단 및 치료」, 《대한의사협회지》 52권 7호(2009년).

1. 당신이 하는 모든 일은 자연스러운 일입니다

1. 브레네 브라운, 서현정 옮김, 『수치심 권하는 사회』(가나출판사, 2019년).

2. 당신 몸 속 지도를 알아두세요

1. Sahlberg, J., "Kotex: An early 20th century demonstration of media campaigns addressing stigma," *The Yale Historical Review*, I (5) 2011: 33 – 43.
2. 박이은실, 『월경의 정치학』(동녘출판사, 2016년).
3. 유민정, 「생리용품, 탐폰 파헤치기: ① 탐폰은 어떤 제품인가」, 《케미컬뉴스》, 2019년 9월 9일.

3. 난자는 캐는 것이 아니다

1. 대한산부인과학회, 『산부인과학』(4판, 군자출판사, 2015년).
2. Carp H., Biochemical Pregnancies: How Should They Be Interpreted?, GREM

Gynecological and Reproductive Endocrinology & Metabolism (2020);
01/2020:04-07 doi: 10.53260/grem.201012.

3. 권영일, 「임신 진단 검사 기술의 발전사」, 《대한임상검사과학회지》 50권 4호(2018년).

4. 체외 수정(시험관 시술) 임신 성공률은 2013~2017년 기준 다음과 같다. 임신율은 배아 이식당 임상적 임신 확인(자궁 내 임신+자궁 외 임신) 수로 계산했다. 표 출처: 이수형 외, 「2019년 난임 시술 지원 사업 평가 및 개선 사항 도출 연구」, 『보건 복지부 정책 보고서』(2020년). 발간 등록 번호 11-1352000-002793-01.

연도(년)	2013	2014	2015	2016	2017
시술 수(회)	31,152	40,988	47,886	52,860	60,407
배아 이식 수(개)	27,696	36,190	41,526	44,530	48,823
임신 수(회)	10,429	13,262	15,099	15,660	17,550
임신률(퍼센트)	37.6	36.6	36.0	35.1	35.9

5. 대한 생식 의학회 온라인 자료, 「불임의 치료」. https://www.ksfs.or.kr/general/treat.php.

6. Reed, Beverly G, and Bruce R Carr. "The Normal Menstrual Cycle and the Control of Ovulation." *Endotext*, edited by Kenneth R Feingold et. al., MDText.com, Inc., 5 August 2018.

7. 「배란 촉진제」, 《약학 정보원 약물 백과》, 2021년 10월 18일 게시. https://www.health.kr/Menu.PharmReview/View.asp?PharmReview_IDX=8183. 김미란, 황경주, 「보조 생식술에 있어서 황체기 보강 요법」, 《대한불임학회지》 34권 1호(2007년).

8. Kumar, Pratap et al. "Ovarian hyperstimulation syndrome." *Journal of human reproductive sciences* vol. 4,2 (2011): 70-5. doi:10.4103/0974-1208.86080.

9. 김경례, 「난임 여성의 경험을 통해서 본 생식 기술」, 전남 대학교 박사 학위 논문, 2010년.

4. 언제부터 인간일까?

1. Viegas, J., "Infanticide common in Roman Empire," NBC NEWS, 2011. 05. 05. https://www.nbcnews.com/id/wbna42911813.

2. 신민상, 「태아의 권리 능력에 관한 연구」, 가천 대학교 석사 학위 논문(2017년).

3. 법률 제17783호 생명 윤리 및 안전에 관한 법률.

5. 1분과 5년

1. 「영국서 쌍둥이 상식 파괴……, "오빠는 두 살 위, 생일도 달라요."」, 《중앙일보》, 2020년 11월 23일. https://www.joongang.co.kr/article/23927598.

2. McLaughlin, J. E., 「월경 주기」, 『MSD 매뉴얼』, 2022년 9월 12일 수정. https://www.msdmanuals.com/ko-kr/home/%EC%97%AC%EC%84%B1-%EA%B1%B4%EA%B0%95-%EB%AC%B8%EC%A0%9C/%EC%97%AC%EC%84%B1-%EC%83%9D%EC%8B%9D%EA%B3%84-%EC%83%9D%EB%AC%BC%ED%95%99/%EC%9B%94%EA%B2%BD-%EC%A3%BC%EA%B8%B0?ruleredirectid=471.

3. 황나미, 「난임 여성의 우울에 영향을 미치는 요인 분석」, 《보건사회연구》, 33권 3호(2013년).

4. Keth Moore 외, 대한 체질 인류학회 옮김, 『인체 발생학』(범문 에듀케이션, 2016년).

6. 입덧

1. 김윤하, 김종운, 「임신 중 입덧」, 《대한주산회지》 20권 2호(2009년).

2. "Guideline To hCG Levels During Pregnancy," American Pregnancy Association. 22 August 2017. https://americanpregnancy.org/healthy-pregnancy/pregnancy-health-wellness/early-fetal-development/.

3. Vargesson, Neil. "Thalidomide-induced teratogenesis: history and mechanisms." *Birth defects research. Part C, Embryo today : reviews* vol. 105,2 (2015): 140-56. doi:10.1002/bdrc.21096.

4. Hinkle, Stefanie N et al. "Association of Nausea and Vomiting During Pregnancy With Pregnancy Loss: A Secondary Analysis of a Randomized Clinical Trial." *JAMA internal medicine* vol. 176,11 (2016): 1621-1627. doi:10.1001/jamainternmed.2016.5641.

7. 자궁 내막증

1. 하청애, 「월경할 때 한번쯤 기흉 의심해 보세요」, 《메드월드뉴스》, 2007년 8월 27일. https://www.medworld.co.kr/news/articleView.html?idxno=24054.

2. 조정수 외, 「흉부 자궁내막증에 의한 자연 기흉」, 《대한흉부학회지》 38호(2005년).

3. Chudnoff, S. G., "Menstrual Epistaxis," *Medscape*, July 25, 2005. https://www.medscape.com/viewarticle/508569?form=fpf.

8. 자궁 내막 자극술

1. 박남철, 「Male Infertility: Diagnostic and Treatment Strategies」, 『비뇨기과 고년차 전공의 연수 강좌』(2004년), 78~96쪽.

2. Dickey, R P et al. "Endometrial pattern and thickness associated with pregnancy outcome after assisted reproduction technologies." *Human reproduction* (Oxford, England) vol. 7,3 (1992): 418-21. doi:10.1093/oxfordjournals.humrep.a137661.

3. 권혁찬, 「자궁내막 수용성의 증진」, 『을지의대 산부인과 임상 연수 강좌』(2001년).

4. Lensen, Sarah et al. "A Randomized Trial of Endometrial Scratching before In Vitro Fertilization." *The New England journal of medicine* vol. 380,4 (2019): 325-334. doi:10.1056/NEJMoa1808737. 다음 문헌도 참조할 것. Metwally, Mostafa et al. "Endometrial scratch in women undergoing first-time IVF treatment: a systematic review and meta-analysis of randomized controlled trials." *Reproductive biomedicine online* vol. 44,4 (2022): 617-629. doi:10.1016/j.rbmo.2021.11.021.

9. 기형아 검사: 선별과 확정

1. 대한산부인과학회, 「산전 진단 검사」, 대한산부인과학회 홈페이지 의학 정보. https://www.ksog.org/public/index.php?sub=1&third=2..

2. 「삼중 또는 사중 표지자 검사(Triple 또는 Quad test)와 통합 선별 검사(Integrated test)」, 질병 관리청 국가 건강 정보 포털. https://health.kdca.go.kr/healthinfo/biz/health/gnrlzHealthInfo/gnrlzHealthInfo/gnrlzHealthInfoView.do?cntnts_sn=5515.

3. 희귀 질환 정보 사이트인 헬프라인(https://helpline.kdca.go.kr).

4. 정의, 「다운 증후군의 산전 선별 검사」, 《대한산부인과학회지》 53권 12호(2010년).

5. 「산전 검사 Quad Test 검사 안내」, 녹십자 의료 재단 학술 자료, 2004년 10월 5일 업로드. https://www.gclabs.co.kr/BoardFiles/4d00f66c-db40-488b-97d7-

10009dfab52a.pdf.

6. 이용주 외,「다운 증후군 환자의 합병증 발생과 관리 현황 분석」,『건강 보험 심사 평가원 연구 조사 보고서』(2019년). https://repository.hira.or.kr/handle/2019. oak/1445.

7. Akolekar, R et al. "Procedure-related risk of miscarriage following amniocentesis and chorionic villus sampling: a systematic review and meta-analysis." *Ultrasound in obstetrics &gynecology :the official journal of the International Society of Ultrasound in Obstetrics and Gynecology* vol. 45,1 (2015): 16-26. doi:10.1002/uog.14636. 이 논문의 연구진들은 2000~2014년까지 15년간 이루어진 양수 천자 12만 4001건을 분석하여, 이중 1,107명이 검사 후 태아를 잃었다는 사실을 알아냈다. 이를 계산하면 양수 천자를 받은 이들의 유산율은 약 0.89퍼센트이다. 양수 천자를 받지 않은 대조군 77만 1965명 중 태아를 잃은 산모는 6,634명으로, 0.85퍼센트이다.

10. 갈라지는 배, 휘는 허리

1. "Diastasis Recti," Cleveland Clinic website. https://my.clevelandclinic.org/ health/diseases/22346-diastasis-recti.

2. Whitcome, Katherine K et al. "Fetal load and the evolution of lumbar lordosis in bipedal hominins." *Nature* vol. 450,7172 (2007): 1075-8. doi:10.1038/ nature06342. 이 논문 제목에 있는 있는 호미닌(hominins)은 인류와 침팬지속 및 그 조상을 포함하는 생물학적 족을 뜻한다. 사람족이라고 하기도 한다.

11. 1인용 몸을 누군가와 나눌 때

1. 신동엽,「임신 전후 갑상선 항진증의 진단 및 치료」,《대한내과학회지》, 95권 3호 (2020년).

2. 「임신성 당뇨병」,『대한당뇨병학회 당뇨병 진료 지침』(2007년).

3. Diaz-Santana, Mary V et al. "Persistence of Risk for Type 2 Diabetes After Gestational Diabetes Mellitus." *Diabetes care* vol. 45,4 (2022): 864-870. doi:10.2337/dc21-1430.

4. Kampmann, Ulla et al. "Determinants of Maternal Insulin Resistance during Pregnancy: An Updated Overview." *Journal of diabetes research* vol.

2019 5320156. 19 Nov. 2019, doi:10.1155/2019/5320156.

12. 아이를 위한 최고의 선물

1. 김진영 외, 「착상 전 유전 진단」, 《대한의사협회지》 58권 11호(2015년).
2. 서울 특별시 제대혈 은행이다. https://www.allcord.or.kr/.
3. 「의료 폐기물 분류 및 관리 방법 안내서」, 환경부 폐자원 관리과 발간 자료.
4. 최종훈, 「태(胎) 먹기」, 《대한수의사회지》 50권 12호(2014년).
5. 이영호, 「제대혈의 보관과 활용」, 《대한의사협회지》 61권 9호(2018년).

13. 제대혈 보관

1. 제대혈은 직접 직원이 나와서 수거해 가는 시스템 덕에 거리가 지나치게 멀면 기증을 받지 않을 수도 있다. 그러니 기증을 원한다면 출산하는 병원 근거리의 제대혈 은행부터 알아보는 게 좋다.
2. 국립 장기 조직 혈액 관리원 제대혈 보관 기관. https://www.konos.go.kr/page/findAgency.do.
3. 「혈액 및 제대혈 관리 실태」, 감사원 감사 보고서(2019년).
4. Politikos, Ioannis et al. "Guidelines for Cord Blood Unit Selection." *Biology of blood and marrow transplantation :journal of the American Society for Blood and Marrow Transplantation* vol. 26,12 (2020): 2190-2196. doi:10.1016/j.bbmt.2020.07.030.
5. 「제대혈 관리 및 연구에 관한 법률」, 법률 제14929호. 일명 '제대혈법'.
6. 유시온, 「가족 제대혈 이식 공급률 0.0002% 불과」, 《후생신보》, 2023년 10월 19일.
7. 「2021년도 장기 등 이식 및 인체 조직 기증 통계 연보」, 『보건복지부 국립 장기 조직 혈액 관리원 연구 보고서』(보건복지부, 2022년).

14. 피는 빨간색

1. 정은주, 정복미, 「한국 여자 청소년의 초경 시기에 따른 신체 및 행동 요인 분석」, 《한국 지역 사회 생화학회지》 31권 3호(2020년). 다음 문헌도 참조할 것. 송은솔 외, 「한국 여성의 월경·폐경 관리: 2022년 한국 여성의 생애 주기별 성·생식 건강 조사 결과」, 《주간 건강과 질병》 16권 25호(2023년).

15. 배란 은폐

1. 2019년에 방영된「그레이 아나토미」시즌 16, 에피소드 2.

2. 베지니아 헤이슨, 테리 오어, 김미선 옮김, 『포유류의 번식: 암컷 관점』(뿌리와이파리, 2021년).

3. 재러드 다이아몬드, 임지원 옮김, 『섹스의 진화』(사이언스북스, 2005년).

16. 몸의 평등과 공정

1. https://www.youtube.com/watch?v=nbqb5R0yswE.

2. 백기욱 외, 「한국인의 악력 평가를 위한 예측 모형 개발: 2014-2015년 국민 건강 영양 조사를 바탕으로」, 《계명의대학술지》 36권 1호(2017년).

3. 「2021년 기준 시도별 연령별 성별 평균 신장 분포 현황」, 통계청 자료, 자료 갱신일 2023년 2월 28일. https://kosis.kr/statHtml/statHtml. do?orgId=350&tblId=DT_35007_N130.

4. Kim, Nayoung. "Application of sex/gender-specific medicine in healthcare." *Korean journal of women health nursing* vol. 29,1 (2023): 5-11. doi:10.4069/ kjwhn.2023.03.13.

5. 존 그레이, 김경숙 옮김, 『화성에서 온 남자, 금성에서 온 여자』(동녘라이프, 2021년).

6. 앨런 피즈, 바바라 피즈, 이종인 옮김, 『말을 듣지 않는 남자, 지도를 읽지 못하는 여자』(김영사, 2011년).

17. 부담과 선택권의 중심 잡기

1. Yoshizawa, Kazunori et al. "Independent origins of female penis and its coevolution with male vagina in cave insects (Psocodea: Prionoglarididae)." *Biology letters* vol. 14,11 20180533. 21 Nov. 2018, doi:10.1098/rsbl.2018.0533.

2. Legett, Henry D et al. "Prey Exploits the Auditory Illusions of Eavesdropping Predators." *The American naturalist* vol. 195,5 (2020): 927-933. doi:10.1086/707719.

3. 김기동 외, 「한국인의 젠더 정체성과 젠더 갈등」, 《한국정치학회보》 55권 4호(2021년).

18. 남녀의 본성

1. "제20조 태아 성 감별 행위 등 금지 ① 의료인은 태아 성 감별을 목적으로 임부를 진찰하거나 검사하여서는 아니 되며, 같은 목적을 위한 다른 사람의 행위를 도와 서도 아니 된다. ② 의료인은 임신 32주 이전에 태아나 임부를 진찰하거나 검사하 면서 알게 된 태아의 성(性)을 임부, 임부의 가족, 그 밖의 다른 사람이 알게 하여 서는 아니 된다." 다만 이 법은 2024년 2월 29일 2항이 헌법에 위배되는 것으로 결 정되어 개정될 예정이다.

2. 실시간 세계 통계 데이터. https://www.worldometers.info/kr/.

3. Galton, Francis. "The history of twins, as a criterion of the relative powers of nature and nurture (1,2)." *International journal of epidemiology* vol. 41,4 (2012): 905-11. doi:10.1093/ije/dys097. 원본은 1875년에 쓰여졌다.

4. 이에 대한 추가적인 사실은 매트 리들리의 『본성과 양육』(김한영 옮김, 김영사, 2004 년), 스티븐 핑커의 『빈 서판』(김한영 옮김, 사이언스북스, 2004년)에서 자세히 다루고 있다.

5. Voracek, Martin et al. "Clark and Hatfield's evidence of women's low receptivity to male strangers' sexual offers revisited." *Psychological reports* vol. 97,1 (2005): 11-20. doi:10.2466/pr0.97.1.11-20.

6. 코넬리아 파인, 한지원 옮김, 『테스토스테론 렉스: 남성성 신화의 종말』(딜라일라 북스, 2018년).

19. 좋은 손 나쁜 손 이상한 손

1. 프랑스의 산부인과 의사 프레데릭 르봐이예(Frédérick Leboyer)가 저술한 책 『폭력 없는 출산(*Pour une naissance sans violence*)』(1974년)에서 유래된 분만법의 일종.

2. 이상희, 윤신영, 『인류의 기원』(사이언스북스, 2015년).

3. 한승곤, 「"내가 싫다는데 성추행 아니라고요?" 술집서 여직원 손 주무른 남성 '무 죄 논란」, 《아시아경제》 2019년 10월 21일.

4. 경태영, 「여직원 손 주무른 상사, 1심 무죄 -> 2심 유죄」, 《경향신문》, 2020년 7월 11일.

20. 호주제 폐지와 자궁 이식

1. 「가족 관계 등록 등에 관한 법률」(가족관계등록법) 법률 제18651호 2022년 1월 1일

개정 시행.

2. 유진수, 「장기 이식의 역사와 주요 면역 억제제의 발전」,《대한의사협회지》63권 5호(2020년).

3. https://en.wikipedia.org/wiki/Lili_Elbe.

4. Emma Young, "First human uterus transplant a partial success," *NewScientist*, 7 March 2002.

5. 이식된 자궁을 통한 이 임신 시도는 역사상 처음으로 성공했다. 그러나 이 임신은 안타깝게도 출산까지 이어지진 못했다. Antalya, "World's first woman with uterus transplant gets pregnant," *Daily News*, 14 April 2013.

6. 선천적으로 자궁이 발달하지 않는 로키탄스키 증후군(Rokitansky Syndrome)을 지니고 태어난 스웨덴의 한 여성은 2013년 자궁 이식을 받은 후 2014년 체외 수정을 통해 임신에 성공했다. 그리고 임신 31주 만에 제왕 절개로 아이를 얻었다. 이 아기는 세계 최초로 이식된 자궁을 통해 태어난 아이가 되었다. Brännström, Mats et al. "Livebirth after uterus transplantation." *Lancet* (London, England) vol. 385,9968 (2015): 607–616. doi:10.1016/S0140-6736(14)61728-1.

7. 데르야 세르트는 다섯 번의 임신 시도 끝에 결국 2022년 이식된 자궁을 통해 아들을 얻었다. 자간전증으로 인해 조산했지만, 아기는 인큐베이터의 도움을 받아 건강하게 퇴원했다. Ozkan, Omer et al. "Birth of a Healthy Baby 9 Years After a Surgically Successful Deceased Donor Uterus Transplant." *Annals of surgery* vol. 275,5 (2022): 825–832. doi:10.1097/SLA.0000000000005346.

8. 천호성, 「국내 첫 자궁 이식 수술 성공…의료진 "불임 환자에 희망"」,《한겨레》, 2023년 11월 17일.

21. 아이의 말

1. 에드 용, 양병찬 옮김, 『이토록 굉장한 세계』(어크로스, 2023년).

2. 조지은, 송지은, 『언어의 아이들』(사이언스북스, 2019년).

3. https://en.wikipedia.org/wiki/Genie_(feral_child).

22. 폐경, 나이 들면 여자가 아닌 걸까?

1. 조주희, 「폐경기 증상에 대한 행동 양식과 여성 건강 관련 실태 조사」, 『질병관리본부 용역 보고서』(질병관리본부, 2013년).

2. 정혜경, 차보연, 「갱년기 여성의 우울에 영향을 미치는 요인」, 《대한여성간호학회지》 33권 7호(2003년). 다음 문헌도 참조할 것. 이홍자, 김춘미, 「중년 여성의 폐경 증상과 우울」, 《지역사회간호학회지》 21권 4호(2010년). 조은하, 성기월, 「폐경 여성의 폐경 증상 정도에 따른 우울 증상, 부부 친밀감, 건강 관련 삶의 질」, 《글로벌 건강과 간호》 9권 1호(2019년).

3. Galambos, Nancy L et al. "The U Shape of Happiness Across the Life Course: Expanding the Discussion." *Perspectives on psychological science : a journal of the Association for Psychological Science* vol. 15,4 (2020): 898-912. doi:10.1177/1745691620902428.

4. 박미란 외, 「폐경 전후기 여성의 사회 경제적 상태가 우울에 미치는 영향」, 《한국 간호과학회지》 53권 2호(2023년).

5. 수전 매턴, 조미현 옮김, 『폐경의 역사』(에코리브르, 2020년).

23. 출산율과 모성

1. 새라 블래퍼 허디, 황희선 옮김, 『어머니의 탄생』(사이언스북스, 2010년).

24. 포유류, 젖샘으로 규정하다

1. 랜달 클레이저(Randal Kleiser) 감독, 브룩 실즈(Brooke Shields)와 크리스토퍼 앳킨스(Christopher Atkins) 주연의 1980년 미국 영화. 원작은 아일랜드 작가 헨리 드 베르 스택풀(Henry De Vere Stacpoole)이 쓴 소설. 이 소설을 원작으로 한 영화가 1923년과 1949년에도 만들어진 바 있다.

2. 생물 정보 웹사이트 Catalogue of Life. https://www.catalogueoflife.org/.

3. 데즈먼드 모리스, 김석희 옮김, 『털없는 원숭이』(문예춘추사, 2006년).

4. 국제 미용 성형 수술 협회(International Society of Aesthetic Plastic Surgery, ISPAS)의 보고서에 따르면 2020년 기준, 전 세계에서 실시된 유방 확대술은 162만 4281명으로 성형 수술 중 가장 많은 비중을 차지한다고 한다. ISAPS 2020년 조사 결과. https://www.isaps.org/wp-content/uploads/2022/01/ISAPS-Global-Survey_2020.pdf.

5. 플로렌스 윌리엄스, 강석기 옮김, 『내 딸과 딸의 딸들을 위한 가슴 이야기』(MID, 2014년).

25. 따뜻하게 품어 주다

1. 닐 캠벨 외, 전상학 외 옮김, 『캠벨 생명과학』(11판)(바이오사이언스, 2019년).

2. Waters, Aaron et al. "Modeling huddling penguins." *PloS one* vol. 7,11 (2012): e50277. doi:10.1371/journal.pone.0050277.

3. Stabentheiner, Anton et al. "Honeybee colony thermoregulation--regulatory mechanisms and contribution of individuals in dependence on age, location and thermal stress." *PloS one* vol. 5,1 e8967. 29 Jan. 2010, doi:10.1371/journal.pone.0008967.

4. 한스 이머맨, 이경식 옮김, 『따뜻한 인간의 탄생』(머스트리드북, 2021년).

26. 인큐베이터의 탄생

1. 올더스 헉슬리, 안정효 옮김, 『멋진 신세계』(소담출판, 2015년).

2. 마이클 베이(Michael Bay) 감독, 스칼렛 요한슨(Scarlett I. Johansson)과 이완 맥그리거(Ewan G. McGregor) 주연 2005년 미국 영화.

3. 소피 바르트(Sophie Barthes) 감독, 에밀리아 클라크(Emilia Clarke), 추이텔 에지오포(Chiwetel Ejiofor) 출연 2023년 미국 영화.

4. Hur, Yoon-Mi. "Secular Trends of Birth Weight in Twins and Singletons in South Korea from 2000 to 2020." *Twin research and human genetics : the official journal of the International Society for Twin Studies* vol. 26,2 (2023): 171-176. doi:10.1017/thg.2023.16.

5. Dunn, P M. "Stéphane Tarnier (1828-1897), the architect of perinatology in France." *Archives of disease in childhood. Fetal and neonatal edition* vol. 86,2 (2002): F137-9. doi:10.1136/fn.86.2.f137.

6. https://en.wikipedia.org/wiki/Martin_A._Couney.

7. https://www.britannica.com/art/freak-show.

8. Michael Pollak, 「The Incubated Babies of the Coney Island Boardwalk」, Michael Pollak," *New York Times*, 2015. 7. 31.

9. Prentice, Claire, *Miracle at Coney Island: How a Sideshow Doctor Saved Thousands of Babies and Transformed American Medicine*, 2016.

27. 면역학적 관용에서 사회적 관용으로

1. Rubella (German measles) in pregnancy." *Paediatrics & child health* vol. 12,9 (2007): 798-802. doi:10.1093/pch/12.9.798.

2. "Hepatitis E," WHO website, 20 July 2023. https://www.who.int/news-room/fact-sheets/detail/hepatitis-e.

3. 이창섭, 「신종 인플루엔자의 진단과 치료」, 《대한내과학회지》 77권 4호(2009년).

4. Male, Victoria. "Medawar and the immunological paradox of pregnancy: in context." *Oxford open immunology* vol. 2,1 iqaa006. 14 Dec. 2020, doi:10.1093/oxfimm/iqaa006.

5. 양광문, 「착상과 임신 초기 면역 반응에서 T 림프구의 역할」, 《대한생식의학회지》 36권 3호(2009년).

6. Fu, Yao-Yao et al. "Uterine natural killer cells and recurrent spontaneous abortion." *American journal of reproductive immunology* (New York, N.Y. : 1989) vol. 86,2 (2021): e13433. doi:10.1111/aji.13433.

7. Oseghale, Osezua et al. "Influenza Virus Infection during Pregnancy as a Trigger of Acute and Chronic Complications." *Viruses* vol. 14,12 2729. 7 Dec. 2022, doi:10.3390/v14122729.

28. 후유증에 대하여

1. 윤명하, 「대상포진 후 신경통의 진단 및 치료」, 《대한의사협회지》 49권 6호(2006년).

2. 「홍역」, 질병관리청 감염병 포털 자료. https://dportal.kdca.go.kr/.

3. Minta, Anna A et al. "Progress Toward Measles Elimination - Worldwide, 2000-2022." *MMWR. Morbidity and mortality weekly report* vol. 72,46 1262-1268. 17 Nov. 2023, doi:10.15585/mmwr.mm7246a3.

4. Aaby, P et al. "Non-specific beneficial effect of measles immunisation: analysis of mortality studies from developing countries." *BMJ* (Clinical research ed.) vol. 311,7003 (1995): 481-5. doi:10.1136/bmj.311.7003.481.

5. de Vries, Rory D et al. "Measles immune suppression: lessons from the macaque model." *PLoS pathogens* vol. 8,8 (2012): e1002885. doi:10.1371/journal.ppat.1002885.

6. Crum, F S. "A STATISTICAL STUDY OF MEASLES." *American journal of public health* (New York, N.Y. : 1912) vol. 4,4 (1914): 289-309. doi:10.2105/ajph.4.4.289-a.

7. "History of Measles Vaccine," WHO NewsRoom, https://www.who.int/news-room/spotlight/history-of-vaccination/history-of-measles-vaccination.

8. 김용찬, 최영화, 「국내 홍역 유행 현황과 전망」,《대한내과학회지》94권 3호(2019 년).

9. 김종현, 「안티 백신 운동의 최근 동향 및 대처」,《대한소아감염학회지》14권 1호 (2007년).

10. https://en.wikipedia.org/wiki/Pox_party.

29. 냉장고 엄마에 대한 오해

1. 존 돈반, 캐런 주커, 강병철 옮김, 『자폐의 거의 모든 역사』(꿈꿀자유, 2021년).

2. Kennedy, F. "The problem of social control of the congenital defective. Education, sterilization, euthanasia." *The American Journal of Psychiatry* 99, (1942). 13-16. https://doi.org/10.1176/ajp.99.1.13.

3. Cohmer, S. "Early Infantile Autism and the Refrigerator Mother Theory (1943-1970)," *Embryo Project Encyclopedia*, 19 August 2014. https://embryo.asu.edu/pages/early-infantile-autism-and-refrigerator-mother-theory-1943-1970.

30. 집밥이 정답일까?

1. 「코로나19와 비만 관련 건강 행태 변화 조사」, 한국건강증진개발원 설문 조사 (2021년).

2. 정재훈, 『음식에 그런 정답은 없다』(동아시아, 2021년).

31. 할머니 가설

1. 455화 「나이스 투 밋쵸」. https://webtoon.kakao.com/viewer/%ED%80%B4%ED%80%B4%ED%95%9C-%EC%9D%BC%EA%B8%B0-458/107335.

2. Williams, G. C. "Pleiotropy, natural selection, and the evolution of senescence." *Evolution* vol 11,4 (1957); 398-411. doi.org/10.1111/j.1558-5646.1957.tb02911.x.

3. 최희정, 오한진, 「폐경」, 《대한가정의학회지》 10권 3호(2020년).

32. 나는 죽은 뒤 어떻게 될까?

1. https://www.youtube.com/@AskAMortician.
2. 케이틀린 도티, 이한음 옮김, 『고양이로부터 내 시체를 지키는 방법』(사계절, 2021년).

도판 저작권

30쪽 ⓒ Shuterstock.

45쪽 Shao, Ruyue et al. "Characterization of IK cytokine expression in mouse endometrium during early pregnancy and its significance on implantation." *International journal of molecular medicine* vol. 30,3 (2012): 615-21. doi:10.3892/ijmm.2012.1019에서 인용.

55쪽 Minasi, Maria Giulia et al. "Correlation between aneuploidy, standard morphology evaluation and morphokinetic development in 1730 biopsied blastocysts: a consecutive case series study." *Human reproduction* (Oxford, England) vol. 31,10 (2016): 2245-54. doi:10.1093/humrep/dew183에서 인용.

70쪽 Lousse, Jean-Christophe, and Jacques Donnez. "Laparoscopic observation of spontaneous human ovulation." *Fertility and sterility* vol. 90,3 (2008): 833-4. doi:10.1016/j.fertnstert.2007.12.049에서 인용.

91쪽 ⓒ ㈜사이언스북스.

93쪽 ⓒ Shuterstock.

94쪽 Whitcome, Katherine K et al. "Fetal load and the evolution of lumbar lordosis in bipedal hominins." *Nature* vol. 450,7172 (2007): 1075-8. doi:10.1038/nature06342에서 인용.

108쪽 국가 유산 포털 제공.

115쪽 ⓒ 중앙일보.

147쪽 ⓒ Greatheart Consulting.

169쪽 조 키프(Joe Kiff) 촬영 사진. 위키피디아에서.

225쪽 위: Waters, Aaron et al. "Modeling huddling penguins." *PloS one* vol. 7,11 (2012): e50277. doi:10.1371/journal.pone.0050277에서 인용. 아래: TESSIER 유안 테시에(Ewan Tessier) 촬영 사진. 위키피디아에서.

231쪽 ⓒ ㈜사이언스북스.

233쪽 https://99percentinvisible.org/episode/the-infantorium/에서 인용.

236쪽 위키피디아에서.

252쪽 ⓒ 이은희.

찾아보기

엄마
생물학

1판 1쇄 찍음 2025년 2월 15일
1판 1쇄 펴냄 2025년 2월 28일

지은이 이은희
펴낸이 박상준
펴낸곳 (주)사이언스북스

출판등록 1997. 3. 24.(제16-1444호)
(06027) 서울시 강남구 도산대로1길 62
대표전화 515-2000, 팩시밀리 515-2007
편집부 517-4263, 팩시밀리 514-2329
www.sciencebooks.co.kr

ISBN 979-11-94087-08-3 03470